Observations
sur les rapports qui existent
entre le développement de la poitrine...

OBSERVATIONS

SUR LES RAPPORTS QUI EXISTENT

ENTRE LE DÉVELOPPEMENT DE LA POITRINE,

LA CONFORMATION ET LES APTITUDES DES RACES BOVINES.

PAR M. ÉMILE BAUDEMENT.

(Extrait des Annales du Conservatoire impérial des Arts et Métiers.)

I

OBJET DE CE MÉMOIRE. DONNÉES GÉNÉRALES DE L'OBSERVATION.

De tous les caractères qui révèlent, chez les animaux, l'aptitude à s'engraisser, à prendre un développement hâtif, à tirer bon parti des aliments, à gagner en poids, l'ampleur de la poitrine est celui qui est regardé comme ayant la signification la plus certaine. Sur ce point, les praticiens, les observateurs, les écrivains de tous les pays sont unanimes, à quelque titre qu'ils se soient occupés du bétail.

Les auteurs qui ont proposé une explication de ce caractère sont aussi généralement d'accord pour considérer le développement de la poitrine comme l'indice du volume et de l'activité des poumons ; ils rattachent ainsi la puissance d'assimilation, chez les animaux les plus remarquables comme utilisateurs de leur ration, à une énergie plus grande des fonctions respiratoires.

II.

1

S'il est impossible de ne pas être disposé à admettre comme fondamentalement exacte une opinion ancienne et générale, que les faits de pratique quotidienne viennent, d'ailleurs, confirmer et enraciner, il est utile, cependant, de la soumettre au contrôle d'expériences propres à en préciser le sens et à en mesurer la portée.

Quant à l'interprétation qu'on a adoptée, il importe de voir sur quelles données elle repose, et jusqu'à quel point elle soutient l'épreuve de l'observation rigoureuse.

C'est cette double vérification, du fait et de son explication scientifique, que j'ai entreprise, en choisissant pour objet d'études l'espèce bovine, représentée par nos principales races agricoles. J'ai cherché d'abord si les grandes dimensions de la région thoracique coïncident réellement avec une assimilation plus grande, un poids acquis plus élevé, un rendement supérieur à la boucherie. J'ai cherché ensuite si le volume des poumons et la puissance respiratoire sont en rapport avec l'ampleur de la poitrine.

Les résultats fournis par l'examen de ces deux questions me conduisent à une explication qui me paraît rendre raison des différences de conformation et d'aptitudes chez les animaux des races bovines, en reliant entre eux les phénomènes physiologiques et anatomiques d'où les aptitudes et la conformation peuvent dépendre.

Mes observations ont porté sur 102 bœufs : — 52 appartenaient à nos races françaises Normande, Choletaise, Charolaise, Bourbonnaise, Garonnaise, Limousine, de Salers, d'Aubrac, Comtoise et Bretonne ; — 19 aux races anglaises ou écossaises de Durham, de Devon, de Hereford, d'Angus et des West-Highlands, quelques-uns venus d'Angleterre même et d'Écosse ; — 31 à des croisements Durham-Normand, Durham-Schwitz-Normand, Durham-Manceau, Durham-Charolais, Durham-Breton, Ayr-Breton et Ayr-Durham-Breton.

J'ai pris ces bœufs parmi ceux qui avaient été primés au Concours général de Poissy, et j'ai pu, de la sorte, établir ces recherches sur des animaux qui se trouvaient dans des conditions comparables. Pour ce Concours, en effet, les animaux sont nourris de manière à mettre le plus complétement en évidence leurs qualités comme consommateurs ; à pousser, jusqu'à ses plus extrêmes limites, leur faculté d'engraissement ; et ils sont naturellement choisis parmi ceux qui réalisent le mieux le type considéré comme le plus parfait au point de vue de la boucherie. Ils se présentaient donc à un état analogue, tout à fait propre à l'objet de ces études, et que je n'aurais pu rencontrer chez des animaux préparés dans des buts différents, soumis à des régimes variés, arrivés à des degrés divers de condition. Il est vrai que chez des animaux d'élite conduits ainsi suivant les mêmes vues, les différences de l'ordre de celles qu'il s'agit d'apprécier sont moins accusées ; mais elles ont une valeur plus significative et plus certaine.

Pour chacun des 102 bœufs, j'ai constaté le poids vivant au moment de l'abatage, le rendement en parties débitables par le boucher, ce qu'on appelle le poids net ou poids des quatre quartiers, et le poids du suif, c'est-à-dire de la graisse qu'on détache des viscères abdominaux.

Le poids vif permet de juger de la puissance générale d'assimilation d'un animal, dans des conditions d'âge et de race déterminées, puisqu'il résulte de la somme des principes nutritifs que cet animal s'est appropriés. Le poids net et le poids du suif indiquent sous quelle forme ces principes nutritifs ont été plus particulièrement utilisés. Plus s'élève le poids net proportionnellement au poids vif, plus augmente aussi, en raison directe, le rendement en parties alimentaires, et plus s'abaisse, en raison inverse, la quantité des parties qui constituent les issues ou qui fournissent des matières premières à l'industrie. L'élévation du poids net a, par cela même, une signification physiologique fort importante relativement au fonctionnement de la machine animale : elle montre que le travail d'assimilation s'est établi dans une direction particulière, qu'il a porté sur l'appareil musculaire et ses dépendances, plutôt que sur les viscères, sur le système osseux, sur la peau et ses appendices. Au point de vue du consommateur, comme à celui du producteur, la valeur d'un animal de boucherie, à conditions égales d'ailleurs et tout particulièrement à qualité égale de viande, a donc pour expression le rapport de son poids net à son poids vif.

J'ai mesuré, pour chaque bœuf, la circonférence thoracique, la hauteur au garrot et la longueur du corps, de l'occiput à l'aplomb des vertèbres caudales. Les rapports qu'on peut, d'après ces mesures, établir entre les dimensions du corps, fournissent une idée exacte de la conformation des animaux, suffisante au moins pour déterminer l'importance relative du développement thoracique.

J'ai pesé les poumons et le cœur de chaque animal immédiatement après l'abatage.

Toutes ces données sont consignées aux tableaux A, B et C, dressés chacun pour une des trois catégories de bœufs : bœufs français ; bœufs anglais ou écossais, auxquels j'applique l'épithète commune de britanniques ; et bœufs provenant de croisements divers. Dans chaque catégorie, les bœufs sont groupés par race, et j'indique aussi, pour chacun d'eux, l'âge, le rapport du poids net et celui du poids des poumons au poids vivant. Il est possible ainsi de tenir compte de toutes les causes qui peuvent avoir une part d'influence sur les phénomènes qu'il s'agit d'analyser.

Je donne deux mesures de la circonférence thoracique. L'une, que j'appelle *droite*, est prise immédiatement derrière le coude, dans un plan perpendiculaire à l'axe du corps. L'autre, que j'appelle *oblique*, est obtenue d'après la méthode à laquelle est attaché, en France, le nom de M. de Dombasle ; elle indique le contour de la poitrine dans un plan oblique, qui, passant par le garrot, couperait le thorax à la pointe de l'épaule d'un côté, et à la pointe du coude du côté opposé.

La moyenne entre ces deux mesures donne la circonférence thoracique telle qu'il importe de la constater dans l'espèce ; elle correspond, comme je m'en suis assuré par des observations nombreuses sur la peau des animaux après l'abatage, à la région où l'ampleur de la poitrine est la plus grande, où son agrandissement, par suite des mouvements respiratoires, est le plus prononcé, et où il est impossible cependant de prendre une mesure directe sur l'animal. Cette région est, en effet, celle qui s'étend d'un membre à l'autre, à la face inférieure et sternale du corps, celle qu'on désigne sous le nom d'*inter-ars*. La mesure de la circonférence thoracique reportée à cette hauteur répond à celle qu'on prendrait sur l'homme au niveau des mamelles.

Les deux mesures, droite et oblique, ont aussi par elles-mêmes de l'importance dans la question. Leur comparaison montre jus-

qu'à quel point se prononce la forme conique de la poitrine, jusqu'à quel point le thorax se resserre derrière les épaules ; elle
permet d'apprécier l'influence que peut avoir sur le gain en
poids et sur le rendement ce rétrécissement de la poitrine, que
les éleveurs repoussent comme un défaut, en accusant l'animal
d'être *sanglé*.

La discussion de tous ces éléments ainsi recueillis va montrer
dans quel sens les faits d'observation répondent aux questions
que j'ai tenté de résoudre.

II

RAPPORT ENTRE LA CIRCONFÉRENCE THORACIQUE, LE POIDS VIF ET LE RENDEMENT EN POIDS NET.

Pour savoir si la valeur des animaux comme consommateurs
est indiquée par le développement de leur poitrine, il faut, d'a-
près ce que j'ai déjà dit, les comparer en prenant, pour chacun
d'eux, la mesure de la circonférence thoracique et le poids vif
total. Pour apprécier, en outre, à quel degré la supériorité comme
bête de boucherie est liée à l'ampleur de la région pectorale, il
faut mettre en regard cette même circonférence thoracique et le
poids net.

Mais il est évident que cette comparaison ne peut avoir lieu
abstraction faite de l'âge et de la race. Un animal ne prend pas
dès le premier temps de sa vie le poids vivant ni l'ampleur thoracique qu'il pourra acquérir à des périodes successivement
plus avancées de son développement ; il n'a pas, à toutes les
époques de son existence les mêmes tendances physiologiques.
Jeune, il accumule la graisse à l'extérieur plutôt qu'à l'intérieur,
et donne, par conséquent, un poids net plus élevé relativement
au poids vif. Adulte, c'est dans la région abdominale qu'il dé-
pose la graisse en plus grande masse, abaissant ainsi le rendement proportionnel en poids net pour élever le rendement en
suif. Les races présentent, sous ces rapports, des différences du
même ordre que celles dont les individus nous rendent témoins.
Il faut donc que la comparaison porte sur des animaux voisins
d'âge et analogues de race, sauf à l'établir ensuite entre les races
et les âges divers, pour caractériser chaque phase de développement et chaque sorte d'animaux.

TABLEAU A. — *Données générales de l'observation.* — *Catégorie des bœufs de races françaises.*

RACE.	Numéro d'ordre.	AGE. ans	AGE. mois	Circonférence thoracique droite.	oblique.	moyenne.	Taille au garrot.	Longueur de la nuque à la queue.	POIDS des poumons.	POIDS du cœur.	POIDS VIF.	POIDS NET.	RENDEMENT en poids net pour 100 de poids vif.	POIDS du suif.	RAPPORT DU POIDS des poumons à 100 de poids vif.
		ans	mois	m.	m.	m.	m.	m.	k.	k.	k.	k.		k.	
Normands........	1	3	8	2.53	2.74	2.635	1.45	2.40	4.456	4.391	1020	658	64.510	94	0.438
	2	5	3	2.87	3.07	2.97	1.68	2.70	5.848	4.838	1250	804.5	64.360	146	0.468
	3	6		2.68	2.81	2.745	1.54	2.41	5.143	4.591	1145	696	60.786	129	0.449
	4	6		2.72	2.84	2.78	1.54	2.45	5.334	4.927	1175	727	61.872	146	0.454
	5	2	2	2.30	2.33	2.315	1.30	2 07	3.501	2.055	605	402	66.446	60	0.579
Choletais........	6	5		2.37	2.55	2.46	1.42	2.20	4.159	3.875	8ʳ5	535	62.573	80	0.486
	7	5		2.40	2.55	2.475	1.46	2.38	4.554	4.297	850	510	60.000	120	0.536
	8	5		2.42	2.55	2.485	1.45	2.44	4.352	3.893	835	570	68.263	68	0.521
	9	5		2.43	2.62	2.525	1.49	2.20	5.052	4.312	860	549.5	63.895	98.5	0.587
	10	5		2.44	2.65	2.545	1.57	2.45	4.814	3.682	965	628.5	65.130	89 5	0.499
	11	5		2.58	2.75	2.665	1.50	2.40	4.585	4.433	990	639	64.545	105	0.463
	12	3		2.50	2.55	2.525	1.56	2.32	4.202	3.716	830	586	70.602	70	0.506
	13	3	2	2.43	2 60	2 515	1.43	2.20	4.008	4.196	870	599	68.851	82	0.461
	14	3	6	2.40	2.60	2.50	1.45	2.25	4.385	4.120	870	580	66.667	75	0.504
	15	3	8	2.40	2.52	2.46	1.38	2.12	3.025	2.989	800	513.5	64 188	83.5	0.378
	16	3	10	2.38	2.58	2.48	1.44	2.20	4.856	3.717	840	554	65.952	77	0.578
	17	3	10	2.70	2.80	2.75	1.65	2 43	4.697	4.582	1020	663	65.000	112	0.460
Charolais........	18	4	2	2.50	2.64	2.57	1.45	2.25	4.758	3.769	905	605	66.851	84	0.526
	19	4	4	2.62	2.73	2.675	1.48	2.30	3.979	4.000	955	641	67.120	88	0.417
	20	5		2.58	2.65	2.615	1.44	2.10	2.200	2.609	890	630	70.787	83	0 247
	21	5		2.65	2.75	2.70	1.54	2.50	4.507	4.372	985	640	64.974	101.5	0.458
	22	5	7	2.53	2.73	2.63	1.58	2.50	4.200	3.985	970	645	66.495	105	0.433
	23	5 à 6		2 74	2.81	2.79	1.55	2.60	4.680	4.571	1010	670	66.337	97	0.463
	24	6		2.45	2.57	2.51	1.47	2.20	4.856	3.837	880	562	63.864	99.5	0.552
	25	6		2.61	2.80	2.705	1.57	2.22	4.358	4.210	970	640	65.979	84	0.449
	26	6		2.72	2.83	2.775	1.52	2.36	3.981	3.961	980	661	67.449	101	0.406
	27	6	6	2.45	2.67	2.56	1.51	2.40	6.027	4.783	1085	685	63.134	93	0.556

TABLEAU A. — *Données générales de l'observation.* — *Catégorie des bœufs de races françaises.*

(SUITE.)

RACE.	Numéro d'ordre.	AGE.	Circonférence thoracique			Taille au garrot.	Longueur de la nuque à la queue.	POIDS		POIDS VIF.	POIDS NET.	RENDEMENT en poids net pour 100 de poids vif.	POIDS du suif.	RAPPORT DU POIDS des poumons à 100 de poids vif.
			droite.	oblique.	moyenne.			des poumons.	du cœur.					
		ans mois	m.	m.	m.	m.	m.	k.	k.	k.	k.		k.	
Bourbonnais	28	5	2.44	2.62	2.53	1.46	2.60	4.876	4.101	950	627	66.000	90	0.513
	29	5	2.59	2.84	2.715	1.51	2.70	4.394	4.212	1055	680	64.455	130	0.417
Garonnais	30	6	2.60	2.80	2.70	1.54	2.40	4.342	4.067	1010	685	67.822	104	0.430
	31	6	2.66	2.85	2.755	1.56	2.30	6.100	4.818	1030	705	68.447	87	0.592
	32	4 6	2.52	2.66	2.59	1.55	2.60	4.195	3.750	1000	636	63.600	100	0.420
Garonnais-Limousins	33	6	2.67	2.90	2.785	1.52	2.60	3.572	3.969	1050	685	65.238	121	0.340
	34	6 à 7	2.60	2.85	2.725	1.62	2.60	6.598	5.963	1130	729.5	64.558	110	0.584
	35	3 11	2.50	2.65	2.575	1.49	2.20	6.437	4.869	915	545	59.563	101	0.703
	36	4	2.52	2.65	2.585	1.53	2.52	6.100	4.336	985	595	60.406	93	0.619
	37	4	2.60	2.74	2.67	1.53	2.20	3.705	3.330	950	625.5	65.842	86	0.390
	38	4 6	2.59	2.82	2.705	1.58	2.40	3.028	3.010	935	640	68.449	74	0.324
	39	5	2.50	2.60	2.55	1.50	2.48	4.888	3.895	850	550	64.706	68	0.575
Limousins	40	5	2.51	2.60	2.555	1.54	2.27	4.876	4.034	905	588	64.972	66	0.539
	41	5 6	2.60	2.80	2.70	1.61	2.60	6.058	4.360	960	614	63.958	76	0.631
	42	5 11	2.40	2.63	2.515	1.62	2.32	6.209	4.817	870	525	60.345	55	0.714
	43	6	2.35	2.62	2.485	1.49	2.25	4.876	4.231	820	520	63.415	86	0.595
	44	6	2.68	2.88	2.78	1.57	2.66	5.234	4.396	1120	731	65.268	116	0.467
Limousin-Salers	45	4 6	2.45	2.61	2.53	1.48	2.35	4.865	3.700	820	515	62.805	86	0.593
	46	5	2.60	2.78	2.69	1.58	2.22	4.847	4.705	1020	658	64.510	115	0.475
	47	5 à 6	2.48	2.70	2.59	1.54	2.25	4.454	3.707	900	562.5	62.444	90	0.495
Salers	48	6	2.65	2.85	2.75	1.63	2.65	4.707	4.672	1040	710	68.269	100	0.453
	49	7	2.63	2.86	2.745	1.64	2.40	4.317	4.590	970	673	69.381	74	0.445
Aubrac	50	5	2.40	2.60	2.50	1.48	2.30	4.758	3.760	775	475	61.290	66	0.614
Comtois	51	5	2.36	2.58	2.47	1.47	2.35	4.871	3.883	860	545	63.372	70	0.566
Breton	52	5	2.28	2.30	2.29	1.35	2.15	4.057	4.160	650	427	65.692	73	0.624

TABLEAU B. — *Données générales de l'observation.*
Catégorie des bœufs de races britanniques.

RACE.	Numéro d'ordre.	AGE.			CIRCONFÉRENCE thoracique			TAILLE AU GARROT.	LONGUEUR DE LA NUQUE à la queue.	POIDS		POIDS VIF.	POIDS NET.	RENDEMENT en poids net pour 100 de poids vif.	POIDS DU SUIF.	RAPPORT du poids des poumons à 100 de poids vif.
		ans	mois	jours	droite.	oblique.	moyenne			des poumons.	du cœur.					
					m.	m.	m.	m.	m.	k.	k.	k.	k.		k.	
Durham	1	2	9		2.60	2.70	2.65	1.48	2.48	3.758	3.699	925	636	68.757	80	0.405
	2	2	10		2.40	2.60	2.50	1.45	2.20	3.652	3.869	825	587	71.152	61	0.443
	3	2	10		2.51	2.66	2.585	1.50	2.20	4.450	4.279	910	585	64.286	102	0.489
	4	2	11		2.45	2.70	2.575	1.50	2.20	6.411	6.006	895	582	65.028	104	0.716
	5	3	2		2.75	2.80	2.775	1.52	2.50	4.121	4.097	1010	724	71.683	94	0.408
	6	3	6		2.30	2.45	2.375	1.40	2.10	3.750	2.890	780	516	66.154	59	0.481
	7	3	10		2.65	2.79	2.72	1.48	2.20	4.325	4.201	1036	674	65.058	98	0.417
	8	3	11		2.62	2.73	2.675	1.45	2.30	4.100	3.834	940	630.5	67.074	115	0.436
	9	4			2.92	3.15	3.035	1.67	2.45	4.771	4.640	1300	910	70.000	165	0.367
	10	4	4		2.57	2.84	2.705	1.45	2.40	4.159	3.757	1100	710	64.545	86	0.378
	11	5	3		2.62	2.70	2.66	1.54	2.54	4.807	4.766	1100	760	69.091	120	0.437
	12	6			2.49	2.65	2.57	1.51	2.45	5.223	4.286	1110	760	68.468	74	0.471
Durham-Angus	13	5	2		2.61	2.70	2.655	1.52	2.40	3.511	4.026	1130	817	72.301	110	0.311
Angus	14	3	1		2.86	3.15	3.005	1.59	2.65	3.922	4.079	825	542	65.697	70	0.475
	15	4	8		2.93	3.10	3.015	1.60	2.68	3.876	4.078	1210	875	72.314	105	0.320
Hereford	16	4	3	15	2.49	2.61	2.55	1.48	2.52	3.643	3.641	990	686	69.293	116	0.368
Devon	17	3			2.28	2.32	2.30	1.28	2.10	3.000	2.898	620	414	66.774	74	0.484
West-Highland	18	4	3		2.54	2.72	2.63	1.45	2.35	2.357	2.696	625	410	65.600	43	0.377
	19	5	3		2.45	2.68	2.565	1.52	2.28	2.895	3.000	675	430	63.704	79	0.429

TABLEAU C. — *Données générales de l'observation.* — *Catégorie des bœufs croisés.*

CROISEMENT.	Numéro d'ordre.	AGE.			Circonférence thoracique			Taille au garrot.	Longueur de la nuque à la queue.	POIDS		POIDS VIF.	POIDS NET.	Rendement en poids net pour 100 de poids vif.	Poids du suif.	Rapport du poids des poumons à 100 de poids vif.
		ans	mois	jour	droite.	oblique.	moyenne			des poumons	du cœur.					
					m.	m.	m.	m.	m.	k.	k.	k.	k.		k.	
Durham-Schwitz-Normands	1	2	11		2.20	2.42	2.31	1.40	2.10	2.950	3.010	745	517.5	69.463	68.5	0.396
	2	2	11	10	2.25	2.40	2.325	1.41	1.95	2.950	2.900	690	450	65.217	61	0.428
	3	3	7		2.45	2.62	2.535	1.45	2.20	4.600	3.742	890	603	67.753	82.05	0.517
	4	4		13	2.52	2.67	2.595	1.48	2.10	3.058	3.055	770	536	69.610	71	0.397
	5	4	2		2.55	2.70	2.625	1.45	2.30	4.025	3.873	1030	731	70.971	100	0.391
Durham-Normands	6	3	2		2.48	2.63	2.555	1.47	2.15	2.961	2.957	880	599.5	68.125	71	0.336
	7	3	4		2.43	2.55	2.49	1.28	2.10	3.545	3.900	800	556	69.500	80	0.443
	8	2	5		2.31	2.44	2.375	1.34	1.90	3.665	2.991	675	443.5	65.704	73	0.543
	9	3			2.55	2.67	2.61	1.45	2.40	3.674	3.887	960	659	68.646	61	0.383
	10	3	3		2.72	2.89	2.805	1.50	2.28	4.000	4.211	1040	734.5	70.625	91	0.385
	11	3	6		2.63	2.74	2.685	1.47	2.20	4.393	4.085	950	648	68.211	90.5	0.462
	12	3	8		2.70	2.89	2.795	1.55	2.40	3.491	4.009	1060	735	69.340	105	0.329
Durham-Manceaux	13	3	10		2.64	2.67	2.655	1.48	2.35	4.041	4.144	880	620	70.455	96	0.459
	14	4			2.88	3.05	2.965	1.59	2.50	4.019	4.185	1165	799	68.584	128	0.345
	15	4	1		2.50	2.80	2.65	1.48	2.50	4.117	4.158	950	615	64.737	156	0.433
	16	4	2		2.50	2.80	2.65	1.46	2.35	3.670	3.335	860	575	66.860	72	0.427
	17	4	2		2.66	2.75	2.705	1.52	2.45	4.298	4.303	1010	680	67.327	93	0.426
	18	4	4		2.52	2.75	2.635	1.47	2.50	4.445	4.300	980	643	65.612	119	0.454
	19	2	10	22	2.25	2.45	2.35	1.40	2.20	3.510	3.925	685	440	64.234	69	0.512
	20	3	4		2.37	2.45	2.41	1.47	2.10	2.903	2.892	730	503	68.904	73	0.398
	21	3	4		2.42	2.57	2.495	1.49	2.10	4.100	4.000	850	575	67.647	91	0.482
	22	3	10		2.45	2.56	2.505	1.43	2.15	3.512	4.120	725	489	67.448	54	0.484
Durham-Charolais	23	3	11		2.68	2.82	2.75	1.55	2.20	4.082	4.260	975	638	65.436	120	0.419
	24	4	2		2.55	2.60	2.575	1.40	2.30	4.737	3.670	870	600	68.966	82	0.544
	25	4	3		2.55	2.85	2.70	1.55	2.35	3.937	4.568	980	673.5	68.724	83.5	0.402
	26	5	1		2.60	2.70	2.65	1.50	2.40	4.052	4.155	980	644	65.714	82	0.413
	27	6			2.75	2.80	2.775	1.59	2.33	3.610	4.000	1010	729.5	72.228	82	0.357
	28	7			2.57	2.70	2.635	1.46	2.35	4.800	4.666	1020	724.5	71.029	99.5	0.471
Durham-Breton	29	3	11		2.45	2.56	2.505	1.43	2.10	3.169	3.200	760	527	69.342	40	0.417
Ayr-Durham-Breton	30	1	11		2.38	2.46	2.42	1.40	2.25	2.208	2.547	640	445	69.531	54	0.345
Ayr-Breton	31	2	10		2.20	2.35	2.275	1.30	2.00	4.020	4.105	630	415	65.873	66	0.638

Le tableau D résume les faits de manière à mettre en parallèle la circonférence thoracique, le poids vif, le poids net et le poids du suif, pour les bœufs d'âge comparable, et pour les différents âges relativement les uns aux autres.

Dans la catégorie des races françaises je distingue quatre groupes. Les bœufs sont au-dessous de quatre ans dans le premier ; ils ont de quatre à cinq ans dans le second ; de cinq à six ans, dans le troisième ; de six à sept ans, dans le quatrième.

Parmi les bœufs de races britanniques je n'ai pu, vu le nombre moindre de têtes, établir que deux groupes : le premier, formé des animaux au-dessous de quatre ans ; le second, composé des animaux ayant dépassé cet âge.

Les bœufs provenant de croisements sont partagés en trois groupes comprenant : le premier, les animaux âgés de deux ans à trois ans et demi ; le second, ceux qui sont âgés de trois ans et demi à quatre ans ; le troisième, ceux qui ont de quatre à sept ans.

Dans chacun de ces groupes des trois catégories je forme deux sections, fondées sur le développement plus ou moins considérable de la poitrine. Dans la première se placent les bœufs dont la circonférence thoracique est la plus petite ; dans la seconde, ceux dont la circonférence est la plus grande. C'est la comparaison de ces deux sections l'une à l'autre qui doit indiquer s'il y a quelque rapport constant entre l'ampleur de la poitrine et l'aptitude à prendre du poids.

Le simple rapprochement de ces deux sections dans chaque groupe montre qu'à tout âge, pour les bœufs français, britanniques et croisés, aux plus grandes circonférences thoraciques correspondent le poids vif, le poids net et le poids du suif les plus élevés. Dans les dix-huit sections ainsi comparées deux à deux, et pour cinquante-quatre nombres formant les éléments de la comparaison, il ne se présente qu'une seule exception, pour les bœufs français de quatre à cinq ans ; encore ne porte-t-elle que sur le poids du suif, le plus variable des gains que l'engraissement peut apporter à l'organisme.

Les courbes de la figure 1 mettent ces résultats en évidence ; elles montrent que la Circonférence thoracique, le Poids vif et le Poids net ont un mouvement commun dans le même sens ; que la Circonférence et le Poids vif, en particulier, suivent une marche presque parallèle.

TABLEAU D. — *Comparaison des Bœufs de différents âges (Groupes) et d'âges voisins (Sections) :
Rapport entre la Circonférence thoracique et le Poids acquis.*

CATÉGORIE.	AGE DES BŒUFS dans chaque groupe.	NOMBRE de têtes.	Circonférence thoracique moyenne.	POIDS vif moyen.	POIDS net moyen.	POIDS moyen du suif.	SECTIONS dans chaque groupe.	NOMBRE de têtes.	Circonférence thoracique moyenne.	POIDS vif moyen.	POIDS net moyen.	POIDS moyen du suif.
			m.	k.	k.	k.			m.	k.	k.	k.
Bœufs de races françaises.	Au-dessous de 4 ans.	9	2.5 8	863	567	84	Les plus petites circonf. thor..	5	2.464	797	530	76
							Les plus grandes circonf. thor.	4	2.621	946	613	94
	de 4 à 5 ans	7	2.618	936	608	87	Les plus petites circonf. thor..	4	2.569	928	588	91
							Les plus grandes circonf. thor.	3	2.683	947	636	83
	de 5 à 6 ans	22	2.589	921	594	91	Les plus petites circonf. thor..	11	2.486	847	540	80
							Les plus grandes circonf. thor.	11	2.693	994	648	101
	de 6 à 7 ans	14	2.700	1029	672	104	Les plus petites circonf. thor..	7	2.633	1006	645	101
							Les plus grandes circonf. thor.	7	2.767	1052	699	107
Bœufs de races britanniques.	de 3 à 4 ans	10	2.616	877	589	86	Les plus petites circonf. thor..	5	2.467	806	537	80
							Les plus grandes circonf. thor.	5	2.765	947	641	91
	de 4 à 6 ans	9	2.709	1027	706	100	Les plus petites circonf. thor..	4	2.579	850	572	78
							Les plus grandes circonf. thor.	5	2.814	1168	814	= 117
Bœufs croisés.	de 2 à 3 ans 1/2..	10	2.452	780	528	71	Les plus petites circonf. thor..	5	2.327	685	453	68
							Les plus grandes circonf. thor.	5	2.577	874	603	74
	de 3 ans 1/2 à 4 ans.	10	2.640	894	612	87	Les plus petites circonf. thor..	5	2.489	781	536	66
							Les plus grandes circonf. thor.	5	2.770	1006	688	108
	de 4 à 7 ans	11	2.654	951	650	95	Les plus petites circonf. thor..	5	2.613	934	647	94
							Les plus grandes circonf. thor.	6	2.688	965	653	95

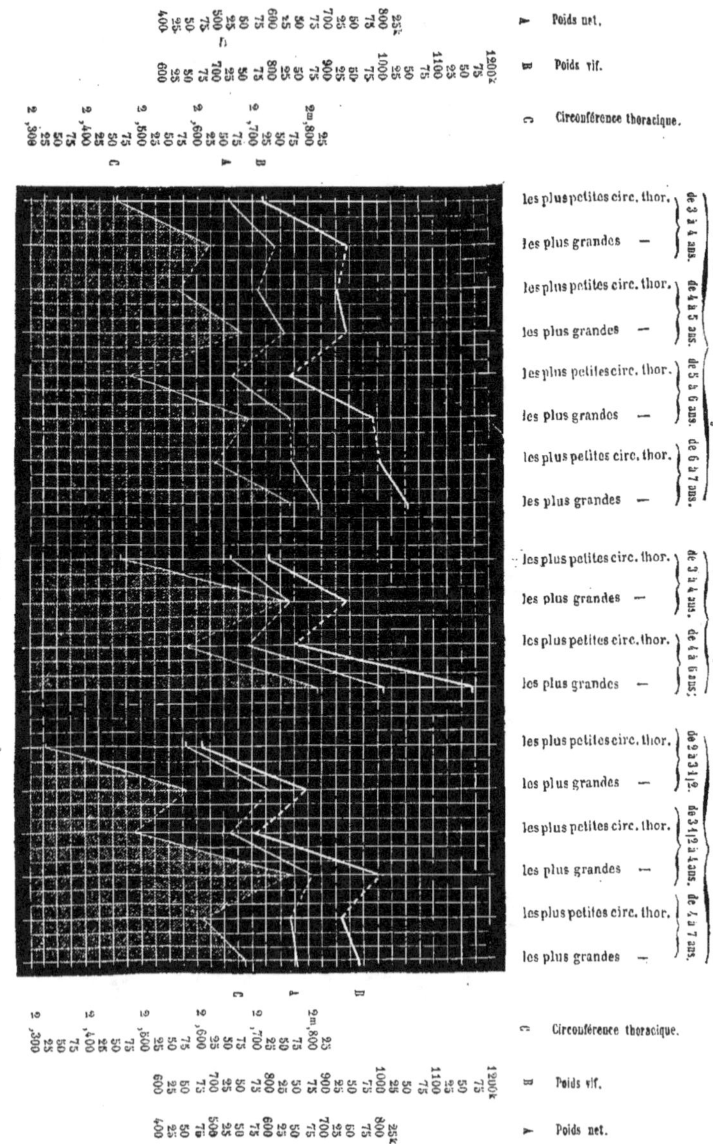

Rapports entre la Circonférence thoracique, le Poids vif et le Poids net dans les Races Bovines.

Fig. 1.

Si nous comparons entre eux les faits relatifs aux groupes de chacune de nos trois grandes catégories, nous remarquons aussi que les poids acquis les plus élevés répondent aux circonférences thoraciques les plus grandes.

Si même, sans tenir compte des différences par sections, nous classons dans chaque catégorie les circonférences thoraciques suivant leur ordre de valeur, et si nous mettons en regard le poids vif qui leur correspond, nous constatons encore la même corrélation, comme le montre le tableau suivant :

TABLEAU E. — *Classement des sections, dans chaque catégorie, d'après la valeur de la circonférence thoracique; poids vif correspondant.*

BŒUFS FRANÇAIS.		BŒUFS BRITANNIQUES.		BŒUFS CROISÉS.	
Circonférence thoracique.	Poids vif.	Circonférence thoracique.	Poids vif.	Circonférence thoracique.	Poids vif.
m.	k.	m.	k.	m.	k.
2.454	797	2.467	806	3.327	685
2.486	847	2.579	850	2.489	781
2.569	928	2.765	947	2.577	874
2.621	946	2.814	1168	2.613	934
2.633	1006			2.688	965
2.683	947			2.770	1006
2.693	994				
2.767	1052				

Le poids net et le poids du suif suivant ordinairement le poids vif dans ses oscillations, selon les indications précédentes, il suffit de rappeler le poids vif pour donner la mesure de la puissance générale d'assimilation des animaux. Or, cette puissance est assez fidèlement représentée ici par le développement de la poitrine, puisque nous ne rencontrons qu'une légère déviation, parmi les sections des bœufs français, à la marche presque parallèle des deux quantités qui expriment la circonférence thoracique et le poids total.

Ainsi, à mesure que l'animal gagne en poids, par suite des progrès de l'âge, ou en raison d'aptitudes individuelles, il gagne aussi en circonférence thoracique. Pour les bœufs appartenant à un même type général, le poids acquis par l'engraissement est donc plus élevé quand la circonférence thoracique est plus grande, soit que l'on compare entre eux les bœufs à peu près de même âge, soit que l'on compare les uns aux autres les bœufs arrivés à des périodes différentes de leur développement.

Il est important de voir jusqu'à quel point ce résultat général est confirmé par l'analyse des faits relatifs à chaque race dans les trois catégories de bœufs soumis à l'observation. Il faut aussi rechercher si le rapport du poids net au poids vif, le rendement qui signale spécialement l'animal supérieur pour la boucherie, se rattache au développement de la poitrine.

Bœufs français. — Pour cette analyse, je suivrai les faits dans l'ordre où ils sont présentés au tableau A.

Parmi les bœufs *Normands*, le poids vif et le poids net sont plus grands selon que la circonférence thoracique est plus grande. Quant au rendement en poids net pour cent de poids vif, si l'on met d'abord de côté le plus jeune des bœufs qui n'a guère dépassé trois ans et demi, et qui, par conséquent, ne peut être comparé aux trois autres âgés de cinq à six ans, on voit que ceux-ci se classent, pour ce rendement, rigoureusement dans l'ordre de leur ampleur thoracique. On remarque aussi que le rendement net le plus élevé se trouve chez le bœuf (n° 1), dont la hauteur est la moindre, c'est-à-dire dont la poitrine est ainsi proportionnellement plus développée. Lalongueur du corps augmente avec l'ampleur de la région thoracique.

Dans le groupe des *Choletais*, le poids vif absolu et le poids net s'élèvent quand la poitrine prend du développement et quand, à circonférence thoracique voisine, la taille s'abaisse. Pour apprécier le rendement relatif en poids net, il faut distinguer les six bœufs de cinq ans du bœuf âgé de deux ans, qui ne peut être mis en parallèle avec les autres. Parmi les six premiers animaux, trois ont une taille plus petite, et c'est parmi eux que s'observe le rendement en poids net le plus élevé; il appartient au bœuf n° 8, dont la circonférence thoracique est plus grande que celle des bœufs de taille analogue (les n° 6 et 7), et chez lequel les deux mesures droite et oblique sont plus rapprochées, ce qui indique que son tronc est à la fois plus développé et plus régulièrement cylindrique. Les autres bœufs prennent rang à distance de celui-ci; ils se classent sensiblement dans l'ordre que leur assigne leur ampleur thoracique, relativement à leur taille et à la régularité cylindrique de leur poitrine.

Dans le groupe de la race *Charolaise* qui compte seize animaux, six ont de trois à quatre ans et peuvent être d'abord comparés ensemble. Le rendement le plus élevé, qui s'approche de 71 pour cent, est présenté par le bœuf n° 12, dont l'ampleur thoracique surpasse celle des autres bœufs les plus jeunes, et ceux-ci se classent, pour leur rendement, dans l'ordre même de leur circonférence thoracique, à l'exception du bœuf n° 17. Mais le rendement plus faible de ce bœuf, malgré sa circonférence thoracique plus grande, s'explique par sa taille plus élevée, qui réduit proportionnellement les dimensions de sa poitrine. Il faut remarquer aussi que le bœuf dont le rendement tient le premier rang est plus régulièrement cylindrique, comme l'indique la faible différence entre ses deux circonférences droite et oblique; supériorité de conformation plus importante pour la race Charolaise que pour d'autres, car cette race a plus prononcé que d'autres le défaut d'être sanglée derrière les épaules.

Parmi les quatre Charolais âgés de quatre à cinq ans, le rendement le plus élevé est celui du bœuf n° 20, dont l'ampleur thoracique, absolument plus faible que celle des deux bœufs n°s 19 et 21, est en réalité plus grande, relativement à sa taille plus petite; sa forme est d'ailleurs plus régulière, car il n'y a qu'une faible différence entre la circonférence oblique et la circonférence droite de sa poitrine. La grande taille du n° 21 diminue considérablement ce que le grand développement de sa région thoracique aurait de favorable; aussi son rendement s'abaisse-t-il.

Parmi les six Charolais âgés de cinq à sept ans, les deux rendements les plus faibles sont ceux des bœufs n°s 24 et 27, dont l'ampleur thoracique est la moindre; les rendements les plus élevés, tous trois voisins, correspondent aux mesures les plus grandes de la circonférence pectorale.

Du reste, pour la race Charolaise, comme pour les autres, le poids vif absolu est plus élevé quand la poitrine est plus vaste; le rapport est presque mathématiquement exact. Le corps prend souvent plus de longueur, en même temps que la région thoracique prend un plus grand diamètre.

Des trois bœufs *Garonnais*, voisins d'âge, de taille et de dimensions pectorales, celui qui accuse le rendement net le plus élevé est celui qui mesure la plus grande circonférence thoracique (n° 31).

Les trois bœufs *Garonnais-Limousins* se classent rigoureusement pour le rendement net d'après la circonférence de leur poitrine. Ayant tous trois un tronc identiquement de même longueur, ils mettent parfaitement en lumière l'influence de l'ampleur thoracique combinée avec la taille ; c'est le bœuf le moins haut au garrot et le plus grand de circonférence pectorale qui tient le premier rang ; les deux autres se suivent, en observant les mêmes rapports. Comme la longueur du corps est la même pour les trois bœufs, le poids vif absolu reste entièrement sous la dépendance de l'ampleur de la poitrine, si les faits restent ici soumis aux principes que nous avons vus découler des précédentes comparaisons ; or, il en est précisément ainsi, et le poids vif est d'autant plus élevé que la région thoracique est plus grande.

Des dix bœufs *Limousins*, quatre sont âgés de quatre ans moins un mois à quatre ans et demi ; six ont de cinq à six ans. Parmi les quatre plus jeunes, le premier rang pour le rendement en poids net appartient à celui dont la circonférence thoracique est la plus grande (n° 38), et les trois autres se classent très-exactement d'après le même principe. C'est aussi le bœuf dont la circonférence thoracique est la plus grande (n° 44) qui prend la tête pour le rendement net parmi les bœufs plus âgés. Les deux bœufs n°s 39 et 40, dont la circonférence ne diffère que d'un demi-centimètre, et pour lesquels cette moyenne, presque la même, résulte de deux mesures, droite et oblique, à peu près identiques, donnent deux rendements nets, qui diffèrent l'un de l'autre de moins de 27 centièmes. Quand les dimensions de la région thoracique sont semblables, les rendements sont donc voisins ; c'est encore une confirmation des principes qui paraissent s'établir de mieux en mieux à chaque pas que nous faisons dans l'analyse des faits. Nous observons aussi pour la race limousine les rapports que nous avons vus déjà s'établir entre le poids vif absolu, l'ampleur de la poitrine et la longueur du corps : c'est le bœuf dont l'ampleur thoracique est la plus grande (n° 44) et le tronc le plus long qui donne le poids vif le plus considérable, notablement plus élevé que celui de tous les autres bœufs de même race ; c'est le bœuf (n° 43), dont la circonférence thoracique et la longueur du corps sont les plus faibles, qui donne le poids vif le moins fort.

Parmi les quatre bœufs de *Salers*, âgés de cinq à sept ans, les deux rendements nets les plus élevés, très-voisins l'un de l'autre, se rapportent aux deux bœufs (nᵒˢ 48 et 49) qui ont la plus grande circonférence thoracique, laquelle est aussi presque la même pour l'un et pour l'autre. Les deux rendements les plus faibles, sensiblement au-dessous des deux précédents, sont donnés par les bœufs (nᵒˢ 46 et 47) qui mesurent la plus petite circonférence thoracique, notablement inférieure à celle des deux premiers bœufs; le moins élevé de ces deux rendements est aussi celui du bœuf le moins ample de poitrine (nᵒ 47). Quant au poids vif, il est le plus grand chez le bœuf qui a la plus vaste région thoracique (nᵒ 48); c'est aussi celui dont le corps est le plus long.

Bœufs britanniques (tableau B). — Parmi les six premiers bœufs *Durham*, les plus jeunes du groupe et âgés de deux ans neuf mois à trois ans et demi, le rendement le plus élevé en poids net, soit plus de 71,5 pour cent du poids vif, est donné par le bœuf (nᵒ 5) qui a la circonférence thoracique la plus grande, et dont la conformation est aussi la plus régulière, car il n'y a qu'une différence de 5 centimètres entre la circonférence droite et la circonférence oblique; son tronc a, en même temps, le plus de longueur. Le bœuf (nᵒ 2), qui prend le second rang, par un rendement qui dépasse un peu 71 pour 100, a une circonférence thoracique plus petite que celle du précédent, et même absolument moins grande que celle des deux bœufs voisins; mais sa taille est moindre, ce qui rend sa circonférence thoracique plus grande relativement à ses dimensions générales, et son corps a plus de longueur que celui des bœufs de taille plus grande que la sienne. Les autres bœufs se classent, pour leur rendement proportionnel en viande nette, sensiblement dans l'ordre de leur circonférence thoracique.

Dans la division des six autres Durham, âgés de trois ans dix mois à six ans, la plus grande circonférence thoracique est de 3ᵐ,035; c'est celle d'un bœuf (nᵒ 9) dont le rendement aux quatre quartiers a été de 70 pour 100 du poids sur pieds, le plus élevé des rendements de cette division.

Le bœuf nᵒ 11 donne un rendement égal à 69 pour 100, supérieur à celui des bœufs nᵒˢ 7, 8 et 10, bien que sa circonférence thoracique soit absolument un peu plus faible ; mais il n'y a qu'une différence de 8 centimètres entre ses deux circonférences droite et oblique, tandis que la différence entre les deux mêmes mesures est de 11, de 14 et de 27 centimètres pour les trois autres bœufs. Sa région thoracique est donc plus régulièrement développée en cylindre que celle de ses voisins, et il est à noter que le bœuf nᵒ 10, qui accuse l'écart de 27 centimètres, c'est-à-dire qui se montre plus sanglé que les autres derrière les épaules, est celui qui donne le plus faible rendement.

Des conséquences de même ordre se présentent quand on rapproche les animaux de mêmes dimensions ou de même poids, pour les comparer sous les autres rapports. Ainsi les deux bœufs Durham nᵒˢ 3 et 4 ont absolument la même taille et la même longueur de corps ; ils ont le même âge, à trois mois près ; la même circonférence moyenne, à un centimètre près ; ils se ressemblent donc presque complétement à l'extérieur ; aussi donnent-ils un poids net et une quantité de suif presque semblables ; le rapport du poids net à 100 de poids vif est également très-voisin : il est de 64,3 pour l'un et de 65 pour l'autre.

Les deux bœufs de même race nᵒˢ 10 et 11, dont il a été déjà question, accusent un même poids vif, 1100 kilogrammes ; mais ils diffèrent sous tous les autres rapports ; la supériorité du rendement en poids net et en suif reste à celui dont la poitrine, sans avoir tout à fait une circonférence aussi grande, est plus régulièrement cylindrique.

Dans l'une et l'autre division des Durham, le poids vif est plus élevé quand l'ampleur thoracique est plus grande, et le corps est en même temps généralement plus long. On est surpris de la constance de cette coïncidence sur un aussi petit nombre d'animaux, et cette généralité même, confirmée par des observations concordantes dans toutes les autres races, tend à donner au fait l'importance d'une loi.

Des deux bœufs de race *Angus*, celui qui donne le rendement le plus élevé en poids net est aussi celui qui a la région thoracique la plus développée, et chez lequel les deux circonférences droite et oblique diffèrent le moins (nᵒ 15). Bien que ces bœufs fussent tous deux fort remarquables, celui qui se classe le premier était un animal tout à fait exceptionnel et tel qu'on en rencontre rarement, même dans les Concours de boucherie les plus remarquables ; il venait d'Aberdéen, des étables de M. W. Mac Combie ; il a donné plus de 72 pour 100 en poids net, et sa qualité était tout à fait supérieure. A la plus ample poitrine correspondait, d'ailleurs, le poids vif le plus fort.

Le bœuf *Durham-Angus* (n° 13), dont le rendement est à peu près le même que celui de l'Angus dont il vient d'être question, ne présentait pas une circonférence thoracique aussi grande, mais sa taille était de 8 centimètres plus petite que celle du bœuf Angus ; il était moins long, par conséquent plus ramassé, et il était admirablement suivi dans ses formes, comme l'atteste la faible différence entre sa circonférence droite et sa circonférence oblique.

Si l'on rapproche le bœuf Angus n° 15, âgé de quatre ans et huit mois, du bœuf Durham n° 9, âgé de quatre ans, l'un et l'autre accusant les circonférences thoraciques les plus grandes parmi les bœufs britanniques, on constate non-seulement que leur rendement est le plus élevé, chacun dans son groupe, mais encore que le bœuf Angus en donne un plus considérable que le bœuf Durham ; or, bien que sa circonférence soit un peu moindre, sa taille est proportionnellement plus petite, et son corps est beaucoup plus long,

Des deux *West-Highlands,* le bœuf dont le rendement net est le plus élevé (n° 18) est aussi celui dont la circonférence thoracique est la plus grande.

Les rendements des bœufs *Hereford* et *Devon* confirment les conséquences auxquelles conduisent les exemples précédents, bien que ces animaux, seuls chacun dans sa race, ne puissent être l'objet d'une comparaison du même ordre.

Bœufs croisés (tableau C). — Parmi les *Durham-Schwitz-Normands,* trois sont âgés de trois ans et un mois à trois ans et demi, deux ont plus de quatre ans. Des trois plus jeunes, le bœuf qui donne le poids net relatif le plus considérable (n° 1) n'est pas celui dont la circonférence thoracique est la plus grande, et, bien que la taille de ce bœuf soit plus petite que celle des autres, elle en diffère trop peu pour qu'il soit possible d'y trouver une compensation au développement moindre de la poitrine. Il se présente donc ici une exception qui doit, sans doute, être remarquée, mais qui reste si bien individuelle que les deux autres bœufs plus jeunes, comme les deux bœufs plus âgés, suivent, dans l'ordre où ils se placent par leur poids net relatif, le principe qui paraît, dans toutes les races, lier le rendement à l'ampleur de la région thoracique. Cette exception ne saurait donc infirmer une règle à laquelle tous les autres faits impriment un caractère si grand d'universalité, et qui trouve son application pour les autres animaux de même origine. Pour les Durham-Schwitz-Normands, comme pour les autres races, le poids vif est, d'ailleurs, plus élevé quand la poitrine est plus développée, et le corps prend en même temps plus de longueur.

Les deux *Durham-Normands* ont sensiblement le même âge; le rendement net est presque le même pour l'un et pour l'autre; il est, cependant, un peu plus élevé pour le bœuf n° 7 qui, d'une taille beaucoup moins haute que le n° 6, présente une circonférence thoracique proportionnellement plus considérable. Le poids vif le plus élevé est celui du bœuf n° 6, dont l'ampleur thoracique est la plus grande; mais, comme les différences dans les dimensions sont petites, la différence dans le poids vif est faible.

Les *Durham-Manceaux* sont au nombre de onze : six sont âgés de deux ans et demi à trois ans dix mois, et peuvent être réunis en une même division; cinq ont de quatre ans à quatre ans et quatre mois, et forment aussi un groupe d'individus comparables entre eux. Les deux bœufs n°⁵ 10 et 12, dont la circonférence thoracique a presque la même mesure; la plus grande parmi les bœufs les plus jeunes, donnent aussi un rendement net très-analogue et le plus élevé de leur division. Si le bœuf n° 13 se place sur la même ligne qu'eux, bien que son ampleur thoracique soit sensiblement plus faible, il le doit à une taille plus petite et à la régularité de sa forme cylindrique : on ne compte pas plus de sept centimètres de différence entre ses deux circonférences droite et oblique. Les autres bœufs prennent rang en raison du développement de leur poitrine, et celui qui a la plus petite circonférence thoracique (n° 8) est aussi celui qui accuse le rendement net le plus faible.

Parmi les cinq Durham-Manceaux les plus âgés, le bœuf n° 14 a la poitrine la plus ample; il donne le rendement net le plus élevé. Après lui, les autres bœufs prennent, pour le rendement, un ordre correspondant à leur circonférence thoracique. Pour les deux bœufs n°s 15 et 16 la mesure droite et oblique de la poitrine est absolument la même ; la supériorité pour le rendement net reste à celui qui a la taille la moins haute (n° 16), c'est-à-dire à celui qui possède, en réalité, la plus ample poitrine par rapport à ses dimensions générales. Le poids vif correspond encore, pour les bœufs les plus jeunes comme pour les plus âgés, au plus grand développement de la région thoracique, uni à la plus grande longueur de tronc.

Les *Durham-Charolais*, au nombre de dix, peuvent se partager en deux catégories : dans l'une, les animaux, plus jeunes, ont de deux ans dix mois à trois ans onze mois ; dans l'autre, les animaux, plus âgés, ont de quatre ans deux mois à sept ans.

Dans le premier groupe, le bœuf n° 23, bien qu'il ait la circonférence thoracique la plus grande, ne se place pas le premier par son rendement en poids net ; mais sa taille dépasse de huit centimètres la taille moyenne des autres, différence qui atténue considérablement la valeur de sa circonférence thoracique et doit, conformément à ce qui a lieu pour toutes les races, diminuer aussi le rapport de son poids net à son poids vif. Les trois bœufs n°s 20, 21 et 22, dont le rendement net est voisin, ont une ampleur thoracique supérieure à celle du bœuf n° 19, dont la circonférence et le rendement sont les plus faibles de la catégorie.

Parmi les cinq Durham-Charolais plus âgés, le premier rang pour l'ampleur thoracique comme pour le rendement appartient au bœuf n° 27. Le rendement le plus élevé ensuite est celui du bœuf n° 28 que sa circonférence thoracique placerait après les deux bœufs n°s 25 et 26, mais qui est de moindre taille et obtient ainsi une compensation favorable. Il en faut dire autant du bœuf n° 24, comparativement aux deux bœufs n°s 25 et 26. Quant à ces deux bœufs, ils ont le même poids vif, mais leur rendement net diffère ; il est plus élevé pour le bœuf n° 25, dont l'ampleur thoracique est aussi plus grande.

L'analyse des faits relatifs aux diverses races bovines et aux divers âges des animaux conduit, on le voit, aux mêmes conséquences que leur résumé sommaire avait déjà présentées. On peut donc conclure à l'exactitude générale de l'opinion, née de l'observation pratique, suivant laquelle la supériorité comme animaux de boucherie appartient aux bœufs dont la région thoracique est le plus développée. Mais l'application d'une méthode plus rigoureuse d'étude permet de faire de cette opinion une doctrine, en lui donnant pour base des données certaines, et en précisant sa portée. Elle montre qu'une ampleur thoracique plus considérable est généralement accompagnée d'une longueur plus grande du corps, comme d'un caractère complémentaire propre à assurer au bœuf un poids vif très-élevé. Elle établit encore que, si la région thoracique, outre qu'elle est vaste, est régulière dans sa forme, et qu'en même temps la taille de l'animal soit relativement basse, cet animal annonce un rendement en poids net considérable par rapport au poids vif. La perfection au point de vue de la boucherie résulterait donc de la réunion de toutes les conditions promettant un poids absolu très-grand et un rendement net très-élevé : ampleur de la région thoracique; régularité de la forme cylindrique de cette région se rattachant au reste du corps sans dépression sensible; développement complémentaire du tronc; réduction de la hauteur au garrot, c'est-à-dire, d'après cet ensemble de caractères, brièveté des membres et abaissement du sternum. Ce sont, en définitive, les qualités que recherche l'éleveur des races perfectionnées, quand il demande une poitrine profonde, des formes *suivies* et un animal *près de terre*.

Le tableau suivant présente, sous forme de résumé, une confirmation des mêmes résultats généraux, en rapportant les faits à l'ensemble de chacune de nos trois grandes catégories.

TABLEAU F. — *Comparaison des trois catégories de bœufs : ampleur thoracique, poids acquis, taille et rendement proportionnel en poids net.*

CATÉGORIE.	Circonférence thoracique moyenne.	Poids vif moyen.	Poids net moyen.	Poids moyen du suif.	Rendement en poids net pour 100 de poids vif.	Hauteur moyenne au garrot.
	m.	k.	k.	k.		m.
Bœufs français.....	2.613	942	612	92	65.007	1.516
Bœufs britanniques.	2.660	948	645	92	68.025	1.494
Bœufs croisés......	2.582	877	598	84	68.218	1.459

Les deux principes essentiels qui ressortent de l'examen détaillé des faits sont mis en parfaite évidence par ces moyennes propres à chaque catégorie : le classement d'après les poids acquis correspond directement au classement d'après le développement de la poitrine; le rendement net par rapport au poids vif suit un ordre inverse de l'ordre indiqué par la hauteur de la taille.

Ce résumé n'aurait pas une grande valeur si les observations de détail n'étaient préalablement d'accord, car le nombre des animaux n'est pas le même dans chaque catégorie, et les divers âges n'y sont pas représentés par une proportion équivalente de têtes. Mais, outre que les animaux sont à des états d'engraissement correspondants, ils conduisent si uniformément aux mêmes conclusions, de quelque manière qu'on envisage les faits, que ce groupement par catégorie n'est, en définitive, qu'une manière plus concise de présenter les résultats fournis par la comparaison des individus entre eux ou des races entre elles.

Renseignements empruntés aux Comptes rendus des Concours publics. — Bien que ces conséquences paraissent suffisamment établies par la constance des données recueillies sur les animaux qui ont fait spécialement l'objet de mes observations, j'ai pensé qu'il ne serait pas sans intérêt de leur chercher un contrôle dans les faits réunis, après les Concours publics, à l'abatage des bœufs primés. J'ai moi-même, depuis sept ans, dirigé et suivi attentivement cet abatage à Paris; je puis donc attester, pour ma part, l'exactitude des opérations dont les résultats sont consignés dans les Comptes rendus des Concours de Boucherie publiés par l'administration de l'agriculture. J'extrais de ces Comptes rendus les renseignements qui se rapportent, de 1853 à 1858, à soixante-cinq bœufs appartenant à quatre des principales races qui figurent en plus grand nombre au Concours de Poissy : les Charolais, les Limousins, les Salers et les Durham-Manceaux. Une analyse rapide des faits groupés dans le tableau particulier à chacune de ces races suffira pour conduire à la vérification qu'il s'agit d'obtenir.

Les bœufs *Charolais* (tableau G) sont au nombre de 27; ils peuvent se partager, d'après l'âge, en plusieurs sections suffisamment nombreuses pour que la comparaison s'y particularise et y devienne plus rigoureuse entre des animaux de condition plus voisine.

Tableau G. — *Renseignements empruntés aux Comptes rendus des Concours publics. — Bœufs de race Charolaise.*

Numéro d'ordre.	AGE.		CIRCONFÉRENCE THORACIQUE			TAILLE AU GARROT.	LONGUEUR de la nuque à la queue.	POIDS VIF.	POIDS NET.	RENDEMENT en poids net pour 100 de poids vif.
	ans.	mois.	droite.	oblique.	moyenne.					
			m.	m.	m.	m.	m.	k.	k.	
1	3	1	2.23	2.34	2.285	1.37	1.98	670	439	65.522
2	3	5	2.47	2.52	2.495	1.43	2.30	900	630	70.000
3	3	6	2.35	2.50	2.425	1.56	»	900	575.5	63.944
4	3	6	2.40	2.57	2.485	1.57	»	830	533.5	64.277
5	3	10	2.32	2.50	2.410	1.47	2.41	847	544	64.227
6	3	11	2.38	2.61	2.495	1.40	2.38	835	561.5	67.246
7	4	1	2.62	2.90	2.760	1.49	2.50	960	653	68.021
8	4	6	2.60	2.65	2.625	1.50	2.30	935	615	65.775
9	4	6	2.47	2.67	2.570	1.54	2.40	980	645	65.816
10	4	9	2.73	2.95	2.840	1.59	2.60	1155	781.5	67.662
11	4	10	2.63	2.81	2.720	1.47	2.41	1020	695	68.137
12	5		2.65	2.81	2.730	1.64	2.40	1080	710	65.741
13	5		2.44	2.70	2.570	1.50	2.25	900	590	65.556
14	5 à 6		2.48	2.70	2.590	1.47	2.25	890	586.5	65.899
15	6		2.60	2.85	2.725	1.50	2.30	1010	685	67.822
16	6		2.63	2.70	2.665	1.60	2.50	960	635	66.146
17	6		2.57	2.75	2.660	1.47	2.57	975	632	64.821
18	6		2.50	2.75	2.625	1.47	2.20	870	549	63.103
19	6		2.48	2.73	2.605	1.51	2.45	950	625	65.789
20	6		2.50	2.70	2.600	1.48	2.43	920	599	65.109
21	6		2.54	2.64	2.590	1.43	2.12	905	596	65.856
22	6		2.48	2.65	2.565	1.60	»	1015	652	64.236
23	6		2.40	2.67	2.535	1.44	1.57	940	605.5	64.415
24	6		2.43	2.58	2.505	1.55	»	877	562	64.236
25	6		2.40	2.55	2.475	1.53	»	910	588	64.614
26	7		2.61	2.81	2.725	1.48	2.25	1010	658	65.149
27	7		2.59	2.68	2.635	1.49	2.22	1030	667	64.757

Parmi les quatre premiers animaux, âgés de trois ans et un mois à trois ans et six mois, le premier rang pour le rendement appartient au bœuf n° 2, qui tient aussi le premier rang par le développement de la poitrine. Sa supériorité sous ce dernier rapport ne paraît pas être très-grande quand on prend les chiffres dans leur valeur absolue, car sa circonférence est de 2^m,495, tandis que celle du bœuf n° 4, celui qui donne la circonférence la plus grande après lui, est de 2^m,485, ou d'un centimètre seulement plus petite. Mais quand on remarque que la taille du premier bœuf n'est que de 1^m,43, alors que celle du second est de 1^m,57, c'est-à-dire de 14 centimètres plus haute, on comprend combien la région thoracique du premier l'emporte, par son développement, sur la région thoracique du second, et l'on s'explique le rendement de 70 p. 100, qui distingue le premier. Les trois autres bœufs se classent, pour le rendement net, en raison du développement de leur poitrine, le bœuf n° 1 gagnant en ampleur ce qu'il a de moins en taille.

Entre les deux bœufs n°s 5 et 6, âgés de trois ans dix mois et de trois ans onze mois, se présentent des différences notables pour le rendement, correspondant à des différences de même valeur dans l'ampleur thoracique : le bœuf n° 6, plus petit que le bœuf n° 5, a absolument et relativement une poitrine beaucoup plus développée ; son rendement en poids net est aussi plus élevé.

Des trois bœufs n°s 7, 8 et 9, âgés de quatre ans un mois à quatre ans et demi, le premier pour le rendement est le n° 7, dont la circonférence est de 2^m,76, tandis que celle des deux autres n'est que de 2^m,625 et 2^m,57 ; la taille plus petite de ce bœuf, qui ne mesure que 1^m,49 au garrot, alors que la hauteur des autres est de 1^m,50 et 1^m,54, rend encore plus sensible la supériorité de son ampleur thoracique.

Entre les bœufs n°s 10 et 11, âgés de quatre ans neuf mois à quatre ans dix mois, il existe peu de différence pour le rendement net, malgré la différence notable dans la mesure de la circonférence, qui est de 2^m,84 pour le premier et de 2^m,72 pour le second ; mais à la circonférence la plus grande correspond une taille de 1^m,59, tandis que la plus petite se rencontre avec une hauteur de 1^m,47. Il se trouve donc entre les tailles le même rapport qu'entre les circonférences, avec un faible écart en faveur du bœuf le plus petit, qui accuse en même temps une légère supériorité dans le rendement. Le bœuf le plus ample de poitrine est d'ailleurs celui qui donne le poids vif le plus élevé (n° 10).

Les trois bœufs n°s 12, 13 et 14, âgés de cinq à six ans, accusent des rendements nets très-voisins, pour ne pas dire identiques. S'il fallait attacher de l'importance aux faibles différences qu'ils présentent, on les trouverait en rapport avec l'ampleur thoracique, compensation faite des inégalités de taille, et le bœuf n° 14 se placerait à la tête pour le rendement comme pour le développement de la poitrine. Le bœuf n° 12, qui a la plus grande circonférence absolue, est aussi celui qui donne le plus grand poids vif.

Parmi les onze bœufs âgés de 6 ans (nᵒˢ 15 à 25), le nᵒ 15 se distingue par un rendement de 67.8 pour cent du poids vif, sensiblement supérieur à celui des autres bœufs ; il mesure en même temps la circonférence la plus grande et donne le poids vif le plus fort. Les deux rendements les plus élevés ensuite sont ceux des deux bœufs nᵒˢ 16 et 17, qui se placent aussi en seconde ligne pour la grandeur de leur circonférence pectorale. En suivant les faits au tableau, on peut ainsi remarquer qu'il y a accord, dans le sens général jusqu'ici constaté, entre les nombres qui expriment le rendement net et ceux qui donnent l'ampleur de la région thoracique : les nᵒˢ 19, 20 et 21, d'une part, les autres numéros (22 à 25), de l'autre, forment comme deux petits groupes où ces nombres se correspondent assez exactement. On ne rencontrerait une légère exception que pour le bœuf nᵒ 18, si l'on prétendait trouver une rigueur mathématique et une constance invariable dans des phénomènes qui ne les comportent pas.

Tous deux âgés de sept ans, les nᵒˢ 26 et 27 prennent, pour le rendement net, un rang correspondant à la circonférence de leur poitrine.

Au tableau de la race *limousine* (tableau H) figurent sept animaux. Des quatre bœufs nᵒˢ 1, 2, 3 et 4, âgés de trois ans cinq mois à quatre ans, le premier donne le rendement le plus élevé ; il est le plus jeune, et sa circonférence thoracique rapportée à sa taille est proportionnellement plus grande que celle des autres bœufs. Sa forme est aussi plus régulièrement suivie, comme le montre la faible différence entre ses deux circonférences droite et oblique. Les trois autres bœufs se suivent dans un ordre qui correspond à la fois et au rendement net et à l'ampleur de la poitrine.

Pour les trois bœufs nᵒˢ 5, 6 et 7, âgés de quatre ans huit mois à cinq ans, le poids vif suit le développement de la poitrine, et le rendement en poids net, bien que les différences soient légères, obéit aux mêmes principes généraux dont nous avons vu tant de fois la confirmation.

Le tableau relatif à la race de *Salers* (tableau H) donne des renseignements sur neuf bœufs. Parmi les cinq premiers, âgés de

TABLEAU H. — *Renseignements empruntés aux Comptes rendus des Concours publics.*

RACE.	Numéro d'ordre.	AGE. ans	mois	jours	CIRCONFÉRENCE THORACIQUE droite.	oblique.	moyenne.	TAILLE AU GARROT.	LONGUEUR de la nuque à la queue.	POIDS VIF.	POIDS NET.	RENDEMENT en poids net pour 100 de poids vif.
		ans	mois	jours	m.	m.	m.	m.	m.	k.	k.	
Bœufs Limousins...	1	3	5		2.50	2.65	2.575	1.47	2.30	805	557	69.193
	2	3	10		2.63	2.90	2.765	1.58	2.45	1030	695	67.476
	3	3	11		2.65	2.70	2.675	1.54	2.56	910	575	63.187
	4	4			2.70	2.74	2.720	1.53	2.20	950	625.5	65.842
	5	4	8		2.65	2.70	2.675	1.60	2.49	940	600	63.830
	6	5			2.60	2.80	2.700	1.55	2.58	950	617	64.947
	7	5			2.55	2.60	2.575	1.54	2.27	905	588	64.972
Bœufs de Salers ...	1	5			2.65	2.90	2.775	1.63	2.65	1040	676	65.000
	2	5			2.58	2.75	2.665	1.60	»	1065	690	64.789
	3	5			2.60	2.65	2.625	1.52	2.25	990	695	70.202
	4	5			2.49	2.65	2.570	1.51	2.30	875	589	67.314
	5	5 à 6			2.60	2.80	2.700	1.60	2.50	970	635	65.464
	6	6			2.50	2.70	2.600	1.56	»	857	557	64.994
	7	6			2.47	2.63	2.550	1.56	2.22	945	640	67.725
	8	6			2.45	2.61	2.530	1.59	»	931	582	62.513
	9	6			2.43	2.55	2.490	1.69	2.22	915	593.5	64.863
Bœufs Durham-Manceaux.	1	2	5	15	2.30	2.40	2.350	1.32	2.34	740	493	66.622
	2	2	8		2.26	2.46	2.360	1.44	2.42	715	474	66.294
	3	2	10		2.40	2.65	2.525	1.50	2.15	790	474	60.000
	4	2	10		2.38	2.55	2.465	1.46	2.35	855	558	65.263
	5	3	1		2.45	2.64	2.545	1.46	2.10	800	530	66.250
	6	3	3		2.67	2.82	2.745	1.60	2.50	1005	690	68.657
	7	3	4		2.36	2.49	2.425	1.48	2.15	770	536	69.610
	8	3	5		2.56	2.74	2.650	1.49	2.45	950	631	66.421
	9	3	6		2.40	2.57	2.485	1.40	2.17	832	548	65.865
	10	3	8		2.70	2.71	2.705	1.50	2.42	870	574	65.977
	11	3	8		2.46	2.60	2.530	1.45	2.40	830	545	65.663
	12	3	8		2.28	2.48	2.380	1.43	2.10	734	477	64.986
	13	3	9		2.50	2.70	2.600	1.48	2.45	857	587.5	68.553
	14	3	10		2.45	2.60	2.525	1.55	»	830	522	62.892
	15	3	10	15	2.68	2.95	2.815	1.55	2.45	980	650	66.327
	16	3	11		2.53	2.67	2.600	1.45	»	875	570	65.143
	17	3	11		2.56	2.60	2.580	1.53	2.35	1030	715	69.417
	18	4	2		2.80	2.94	2.870	1.54	2.40	1055	750	71.090
	19	4	2		2.64	2.85	2.745	1.55	2.40	1075	712	66.233
	20	4	3		2.40	2.55	2.475	1.49	»	890	575.5	64.663
	21	4	6		2.56	2.75	2.655	1.58	2.50	935	620	66.310
	22	4	11		2.48	2.68	2.580	1.53	2.25	945	609.5	64.497

cinq ans à cinq ans et demi, le rendement le plus élevé, montant
à plus de 70 pour cent, est donné par le n° 3. Sa circonférence
thoracique n'est pas la plus grande d'une manière absolue, puisqu'il n'a au-dessous de lui, sous ce rapport, qu'un seul des
bœufs que nous lui comparons; mais sa taille reste de neuf centimètres, en moyenne, au-dessous de la taille des autres bœufs,
et sa poitrine prend ainsi une plus grande ampleur proportionnelle. Les autres bœufs prennent rang conformément aux mêmes
relations générales entre leur rendement net et leur circonférence
thoracique. Les bœufs de six ans observent aussi généralement les
mêmes rapports.

Les bœufs croisés *Durham-Manceaux* sont au nombre de 22
(tableau H). En comparant entre eux les quatre premiers, âgés
de deux ans et demi à deux ans et dix mois, on constate que le
poids vif répond exactement à l'ampleur thoracique, et que le
rendement net est plus élevé quand la taille est plus petite. Le
bœuf n° 1, placé ainsi en première ligne pour le rendement en
poids net, est d'ailleurs celui dont la forme est la plus régulière
et la mieux suivie, comme l'indique la différence plus petite entre
ses deux circonférences droite et oblique.

Des cinq bœufs n°ˢ 5 à 9, âgés de trois ans et un mois à trois
ans et demi, le n° 6 a le poids vif le plus fort; le n° 7, le poids
vif le plus faible; c'est aussi chez eux que se montrent la plus
grande et la plus petite circonférence thoracique; les autres se
classent entre ces deux extrêmes, suivant les mêmes relations.
Pour le rendement proportionnel en poids net, le n° 10 seul se
place un peu au-dessus du rang que lui assignerait sa circonférence thoracique; encore faut-il remarquer que les deux mesures
droite et oblique indiquent chez lui une plus grande régularité
de forme. Quant aux autres, leur rendement net reste assez en
harmonie avec leur ampleur de poitrine.

Si nous comparons entre eux les huit bœufs n°ˢ 10 à 17, âgés
de trois ans huit mois à trois ans onze mois, nous constatons
d'abord que le poids vif répond au développement de la région
thoracique; nous remarquons, en outre, que les circonférences
les plus grandes, compensation faite de la taille, sont celles des
bœufs n°ˢ 13 et 15, dont les rendements nets sont aussi les plus
élevés, en exceptant toutefois celui du bœuf n° 17, dont l'ampleur thoracique est un peu plus faible que ne le comporterait

sa taille. D'autre part, les deux rendements les plus bas sont ceux des bœufs nos 12 et 14, qui accusent aussi la circonférence la plus petite. Entre les deux bœufs nos 14 et 15, qui ont la même taille , la supériorité pour le rendement net appartient au bœuf n° 15, dont la poitrine est la plus développée.

Parmi les cinq derniers bœufs, âgés de quatre ans et deux mois à quatre ans onze mois, les poids vifs les plus élevés s'observent chez les animaux dont la poitrine est la plus ample, et les poids vifs les plus faibles chez ceux dont la circonférence thoracique est la plus petite. Quant au rapport du poids net au poids vif, le bœuf n° 18 se distingue par un rendement exceptionnel qui s'élève jusqu'à 71 pour cent; il présente aussi un développement thoracique rare, le plus grand de tous ceux qui se trouvent mesurés au tableau. Après lui, pour le rendement comme pour la circonférence de la poitrine, se rangent les deux bœufs nos 19 et 21. Il n'est pas sans intérêt de remarquer que le premier de ces deux bœufs comparé au bœuf n° 18, dont la supériorité est si nettement indiquée, a le même âge que lui, une longueur de corps absolument semblable, une taille plus haute d'un centimètre seulement, mais une circonférence thoracique de $0^m,125$ plus petite; cette grande différence dans la mesure de la poitrine correspond à une différence de 5 pour cent en moins dans le rendement net. C'est le sens des chiffres et non leur valeur numérique qu'il importe d'apprécier : le rapport intime entre le développement thoracique et le rendement net pourrait difficilement être mieux mis en évidence que par cet exemple. Au reste, tous les bœufs de cette dernière section se classent d'une manière absolument concordante et pour le rendement relatif en poids net et pour le développement de la région thoracique : ils suivent même dans ce classement une rigueur qu'on ne peut espérer de rencontrer souvent dans de telles études, parce qu'elle n'est guère de l'essence même des phénomènes dont les êtres organisés sont le siége.

Cette seconde série d'épreuves confirme donc les conséquences que j'avais tirées de la première; elle donne à celle-ci l'appui d'un plus grand nombre de faits concourant à une même démonstration.

On doit donc considérer comme fondée, pour l'espèce bovine,

cette opinion universellement admise par les éleveurs et par tous ceux qui se sont faits l'écho de la pratique, d'après laquelle la valeur des animaux comme utilisateurs de leur ration et comme producteurs de viande est liée au développement de la région thoracique. Mais les observations dont je viens de rendre compte permettent, comme j'ai déjà pu le faire remarquer, de préciser ce que cette opinion a de vague; elles conduisent à quatre propositions qui servent de conclusions à la première partie de ce travail :

1° *A condition égale, les bœufs donnent généralement un poids vif d'autant plus grand que leur poitrine est absolument plus ample, indépendamment des autres dimensions du corps, longueur et hauteur.*

2° *Le rendement des bœufs en poids net est d'autant plus élevé par rapport au poids vif que la taille est moins haute, que le sternum est plus rapproché de terre, que les extrémités sont plus courtes, si, en même temps, la circonférence de la poitrine est ample, la région thoracique régulièrement suivie, sans étranglement derrière les épaules.*

3° *Ces conditions de conformation, favorables au rendement en poids net, sont ordinairement accompagnées d'un développement plus considérable du tronc en longueur.*

4° *De ces propositions en découle nécessairement une dernière, c'est que le poids vif et le rendement net par rapport à ce poids sont ensemble plus élevés, quand à l'ampleur de la région thoracique, s'ajoutent la longueur du tronc, la régularité et le suivi des formes, l'abaissement de la taille et la réduction des membres.*

Si l'observation ne devait pas précéder toute théorie, il semble qu'on aurait pu, à l'aide des considérations géométriques les plus simples, prévoir ces résultats. On peut, du moins, après constatation des faits, s'en rendre raison, en partie, par les relations qui existent entre les dimensions principales de l'animal.

Le corps du bœuf, tronc et membres, peut, en effet, être comparé à un cylindre supporté par les extrémités. Dans ce cylindre, la circonférence thoracique est la mesure de la circonférence du cercle qui sert de base; la longueur du tronc donne la hauteur. Si la circonférence de la base augmente, il est clair que le volume du corps s'accroît, et comme, ici, le rapport de la masse au volume, ce qu'on pourrait appeler la densité du bœuf, est sensiblement constante, le poids vif de l'animal doit devenir plus grand.

Si, en même temps que la forme cylindrique se régularise au point de devenir presque géométrique, et que la circonférence de la base s'agrandit, les extrémités se réduisent, c'est-à-dire si la masse du tronc, qui donne le rendement net, gagne en poids tout ce que perdent les parties qui constituent les issues, il est évident que le rapport du poids net au poids vif s'élève.

Si, enfin, les dimensions du cylindre se sont augmentées en tout sens, et si les parties formant issues ont diminué, la masse est alors considérable, en même temps que le rendement net est fort élevé par rapport au poids vif.

On comprend comment, en se laissant guider par des considérations analogues, on a pu chercher à prévoir le rendement des animaux d'après leurs dimensions, et à passer de leur mesure à leur poids. C'est ainsi qu'ont été imaginées en Allemagne, en Angleterre, en Belgique, diverses méthodes pour arriver à déterminer le poids vif ou le poids net, soit en appliquant la formule de la solidité du cylindre, soit en ne mesurant qu'une dimension, la circonférence de la poitrine, et en multipliant les résultats trouvés par des coefficients appropriés.

Les conséquence auxquelles conduit l'étude précédente justifient en principe ces tentatives, comme elles justifient l'opinion qui les a inspirées ; mais elles montrent aussi que, si les relations générales sont constantes, les rapports numériques entre les quantités ne le sont pas ; que le problème renferme trop d'inconnues, compte trop de variations résultant de l'âge, du sexe, de l'état, de l'espèce, de la race, pour qu'il puisse recevoir une solution invariable et unique. Des procédés de la nature de ceux dont il s'agit ne peuvent jamais donner autre chose que des indications approximatives et purement locales.

III

RAPPORT ENTRE LE DÉVELOPPEMENT DE LA POITRINE ET CELUI DES POUMONS.

Après avoir vérifié jusqu'à quel point l'observation confirme l'opinion générale qui place dans l'ampleur de la poitrine le caractère essentiel de la supériorité des animaux comme utilisateurs de leur ration, je dois apprécier la valeur des explications théoriques qu'on a données de cette supériorité rattachée à ce caractère.

Weckherlin, un des agronomes allemands qui ont le plus profondément étudié le bétail, en passant en revue les caractères généraux qui indiquent les meilleurs animaux de l'espèce bovine, parle de la cage thoracique en ces termes : « La bonne conformation de cette partie est de la plus grande importance... Une cage thoracique étroite, et, par conséquent, de petits poumons sont cause de l'insuccès des animaux, même dans les meilleures conditions ; les animaux qui présentent ce défaut s'assimilent mal leur nourriture et ont des prédispositions organiques à certaines maladies [1]. »

David Low exprime la même opinion et la développe : « Ces facultés (croître vite et engraisser facilement) semblent dépendre principalement des forces digestives de l'animal, et les caractères extérieurs qui les indiquent sont une poitrine large pour contenir les organes respiratoires, et un corps ample pour contenir l'estomac et autres viscères servant à la digestion. On peut induire cela de l'expérience ; car, dans tous les cas, on voit que la faculté d'engraisser facilement s'allie avec une poitrine large et un corps rond... Ainsi, lorsqu'on veut avoir un animal ayant des dispositions à s'engraisser, il faut que sa poitrine soit large et ses côtes bien arquées [2]. »

Dans la traduction, donnée par les *Annales de Roville*, d'un article de l'*Encyclopédie de Loudon* où se trouvent résumés les résultats d'expériences dues à l'habile chirurgien Henry Cline, on trouve ces phrases : « Les poumons sont de la première importance ; c'est de leur volume et de leur état sain que dépendent surtout la force et la santé des animaux. La faculté de convertir les aliments en nourriture est proportionnelle à leur volume ; un animal pourvu de forts poumons pourra convertir un poids donné d'aliments en une plus grande quantité de nourriture qu'un autre qui aura de petits poumons, et il sera, par

1. Weckherlin. *Die landwirthschaftliche Thierproduction*. T. II ; p. 31. Stuttgart, 1851.

2. David Low. *Éléments d'agriculture pratique* ; traduct. Lainé. T. II ; p. 239. Paris. 1838.

conséquent, plus facile à engraisser. La forme et la grandeur du thorax indiquent le volume du poumon. » « La faculté de convertir un poids donné d'aliments en une quantité plus ou moins grande de nourriture dépend du volume des poumons qui sont eux-mêmes intimement liés au système digestif [1]. »

John Sinclair, en résumant aussi la doctrine d'Henry Cline sur les relations des formes extérieures avec la structure interne, dit : « Le principal objet auquel on doit faire attention dans un animal, ce sont les poumons, car c'est de leur volume et de leur état sain que dépendent principalement la vigueur et la santé. Le volume des poumons est indiqué extérieurement par la forme et le volume du coffre, principalement par sa largeur [2]. »

Nos auteurs ont émis les mêmes opinions. Rigot, un de nos professeurs d'anatomie et de physiologie vétérinaires, a écrit la phrase suivante : « La capacité de la poitrine est toujours proportionnelle au volume des poumons, et un poumon volumineux, se rencontrant constamment avec un appareil musculaire doué d'une grande énergie, il s'ensuit que l'ampleur du thorax est le cachet non équivoque d'une constitution vigoureuse [3]. »

M. Magne, le consciencieux auteur de plusieurs ouvrages d'agriculture et d'hygiène vétérinaire, tout en admettant qu'il n'y a, pour les aptitudes diverses dont peuvent être doués les animaux, aucune disposition anatomique essentielle, signale pourtant, parmi les caractères à rechercher dans les reproducteurs dont on attend des bœufs de boucherie, un grand développement du train postérieur et beaucoup de légèreté dans l'avant-main. Sans doute, ce dernier caractère n'implique pas, dans l'esprit de l'auteur, l'étroitesse de la région thoracique, car, dans l'ensemble des caractères qu'il demande pour le bœuf de travail, pour la vache laitière et pour le bœuf de boucherie, il place en première ligne une poitrine ample, correspondant à une bonne respiration. Il ajoute même : « Tous les auteurs considèrent avec raison une poitrine

1. *Annales agricoles de Roville*, t. IV, p. 362 et suiv. Paris, 1828.
2. John Sinclair. *L'agriculture pratique et raisonnée*. Traduct. de M. de Dombasles, t. I, p. 176. Paris, 1825.
3. Rigot. *Maison rustique*, t. II, p. 182. Paris, 1849.

ample comme le signe d'une grande aptitude à l'engraissement[1]. »

M. Delafond, l'honorable directeur de l'École vétérinaire d'Alfort, a été beaucoup plus explicite, et a donné une interprétation des caractères extérieurs qu'il admet comme signes de la supériorité des animaux. Je citerai seulement les passages où il fournit cette explication, en supprimant les considérations dans lesquelles il entre : « En même temps que la poitrine se développe sous l'influence d'une bonne alimentation, le poumon que cette cavité renferme acquiert de l'ampleur, la respiration est plus grande, plus complète, le sang mieux animalisé : conditions d'où résultent la bonne constitution, la force, la rusticité de l'animal, et le pouvoir d'assimiler une grande somme de sucs nourriciers destinés à former une solide machine animale qui, plus tard, donnera beaucoup de viande et fabriquera beaucoup de graisse »... « La voûte très-cintrée formée par les arceaux costeaux donne une poitrine plus vaste et une respiration plus grande qui contribue puissamment à la santé de l'animal et à sa disposition à l'engraissement. »... « Un animal qui présentera une telle conformation de la poitrine et du ventre se nourrira bien, et réclamera une moins grande quantité d'aliments pour prendre de l'accroissement et parvenir à une maturité précoce. Chez lui, les digestions seront faciles, profitables; sa respiration, toujours grande et libre, avant, pendant comme après le repas, animalisant complétement les matériaux de la digestion, donnera au sang les qualités qui lui sont indispensables pour servir à l'accroissement des organes, à la formation de la chair et de la graisse[2]. »

Je pourrais multiplier beaucoup les citations; la forme varierait peu, le fond ne changerait pas. A l'exception de quelques théories hasardées par des écrivains complétement étrangers aux connaissances anatomiques et physiologiques, toutes les opinions formulées se réduisent, en définitive, à une seule, pour laquelle il est aussi difficile de trouver une origine, que de savoir sur quels faits d'observation elle se fonde. Adoptée comme vrai

1. Magne. *Hygiène vétérinaire appliquée.* 2° édit., t. II, p. 7-12, 17. Paris, 1857.

2. Delafond. *Bétail de la Nièvre*, p. 201-206. Paris, 1849.

semblable, et reproduite par tous ceux qui, de près ou de loin, se sont occupés du bétail, cette opinion peut se résumer ainsi : l'ampleur de la poitrine est la mesure du volume des poumons, et, par suite, de l'intensité de la respiration, considérée elle-même comme le signe d'une bonne constitution, d'une assimilation facile et économique, d'une grande aptitude à prendre du poids et de la graisse.

S'il ne s'agissait, pour les auteurs que je cite comme pour ceux que je ne cite pas, que d'indiquer la nécessité d'un développement convenable de la poitrine pour la bonne santé et la bonne constitution des animaux, je n'aurais pas à examiner la valeur de cette opinion. Il est constant, en effet, que tous les animaux, quelle que soit d'ailleurs leur destination spéciale, doivent posséder un certain ensemble de caractères fondamentaux, dans les données et les limites du plan d'organisation qui les distingue, et que, parmi ces caractères, il faut placer au premier rang ceux qui sont liés à l'énergie générale des fonctions respiratoires et digestives. Sur ce point il ne peut y avoir ni discussion, ni doute. Avant de devenir l'objet des soins et des spéculations de la zootechnie, les animaux doivent se bien porter, être bien constitués et ne pas laisser craindre des maladies ultérieures.

Mais la théorie qu'on professe ne s'arrête pas à cette indication générale d'une condition essentielle de tout organisme bien constitué ; elle établit une relation nécessaire entre le développement de la région thoracique et celui des poumons ; elle admet que les poumons sont d'autant plus volumineux que la poitrine est plus ample ; à cette ampleur de la région thoracique et à ce volume des poumons, elle rattache, comme un effet à sa cause, l'énergie fonctionnelle des animaux : l'activité de leur respiration, la richesse de leur sang, la puissance de leur assimilation, leur valeur économique comme consommateurs, et comme producteurs de graisse et de viande.

C'est cette théorie qu'il faut juger.

Pour le faire, la question capitale à résoudre expérimentalement c'est de savoir si le développement des organes pulmonaires correspond, en effet, au développement de la région thoracique ; c'est là la base sur laquelle s'échafaudent ensuite les conséquences physiologiques.

Afin d'arriver à établir ce point fondamental, j'ai pesé les poumons des 102 bœufs de races diverses, qui ont fait l'objet des observations précédentes. La nature et la densité des tissus étant sensiblement identiques pour ces animaux, les poids correspondent aux volumes et donnent même le moyen le moins trompeur pour les représenter. Les pesées ont eu lieu aussitôt après l'abatage des animaux. J'en indique les résultats au tableau où sont consignées toutes les données relatives à chaque bœuf (tableaux A, B et C), et j'ajoute même le poids du cœur, à titre de simple renseignement dont je n'aurai pas à tirer parti en ce moment.

Les lobes pulmonaires et la masse du cœur ont été pesés après la section des bronches et des troncs vasculaires à leur entrée dans ces viscères. Je n'ai point enlevé la graisse déposée à la base des oreillettes et dans les sillons des ventricules.

En rapprochant les deux colonnes qui donnent la mesure de la circonférence thoracique et le poids des poumons (tableaux A, B et C), on remarque bientôt qu'il n'existe aucun rapport constant entre ces deux quantités. Le désaccord devient frappant quand on prend le poids des poumons pour des circonférences égales, comme le fait le tableau suivant :

TABLEAU I. — *Poids des Poumons pour des Bœufs de même Circonférence thoracique.*

| BŒUFS DE RACES FRANÇAISES. | | | | | | | | | BŒUFS CROISÉS. | | |
Numéro d'ordre au tableau A.	Circonférence thoracique.	Poids des poumons.	Numéro d'ordre au tableau A.	Circonférence thoracique.	Poids des poumons.	Numéro d'ordre au tableau A.	Circonférence thoracique.	Poids des poumons.	Numéro d'ordre au tableau C.	Circonférence thoracique.	Poids des poumons.
	m.	k.		m.	k.		m.	k.		m.	k.
15	2.46	3.025	12	2.525	4.202	38	2.705	3.028	29	2.505	3.169
6	2.46	4.159	9	2.525	5.052	25	2.705	4.358	22	2.505	3.512
8	2.485	4.352	45	2.53	4.865	49	2.745	4.317	18	2.635	4.445
43	2.485	4.876	28	2.53	4.876	3	2.745	5.143	28	2.635	4.800
14	2.50	4.385	32	2.59	4.195	17	2.75	4.697	26	2.65	4.052
50	2.50	4.758	47	2.59	4.454	48	2.75	4.707	15	2.65	4.117
13	2.515	4.008	30	2.70	4.342	44	2.78	5.234	16	2.65	3.670
42	2.515	6.209	21	2.70	4.507	4	2.78	5.334			
			41	2.70	6.058						

On voit qu'entre deux bœufs qui ont identiquement la même

circonférence thoracique, la différence dans le poids des poumons peut être de dix grammes, s'élever à plus de cent, deux cents, trois cents, quatre cents, cinq cents, huit cents grammes, dépasser un kilogramme, comme on l'observe trois fois dans les quinze exemples cités, et même deux kilogrammes, comme cela a lieu pour les deux bœufs dont la circonférence thoracique est de 2^m,515. Dans ce dernier cas, la différence du poids des poumons, du plus faible au plus fort, est de plus de 54 p. 100.

On arrive aux mêmes conséquences en variant le mode de comparaison. Ainsi, parmi les 52 bœufs de races françaises, la circonférence thoracique la plus petite est de 2^m,29 (n° 52), la plus grande est de 2^m,97 (n° 2). Si le poids des poumons était en rapport avec le volume de la poitrine, aux mesures extrêmes des circonférences devraient répondre les poids extrêmes des poumons ; c'est ce qui n'a pas lieu. Le poids des poumons qui correspond à la plus petite circonférence est de 4^k,057 ; celui qui correspond à la plus grande est de 5^k,848 ; or, les poids extrêmes sont 2^k,200 et 6^k,598, différant du simple au triple.

Pour les 19 bœufs de races britanniques, les extrêmes de circonférences thoraciques sont 2^m,30 (n° 17) et 3^m,035 (n° 9), auxquelles correspondent réciproquement des poids de poumons de 3^k et de 4^k,771, bien que les extrêmes en poids soient 2^k,357 et 6^k,411, qui diffèrent presque encore du simple au triple.

Parmi les 31 bœufs croisés, la plus faible circonférence thoracique est de 2^m,275 (n° 31) ; la plus forte est de 2^m,965 (n° 14) ; les poids de poumons correspondants sont 4^k,020 et 4^k,049, deux poids presque égaux pour les deux plus grandes inégalités de circonférence pectorale, et alors que les poids extrêmes sont 2^k,208 et 4^k,800, différant plus que du simple au double.

Si l'on compare les circonférences thoraciques moyennes et les poids moyens des poumons, dans chacune des trois grandes catégories, on trouve :

	Circonférence thoracique moyenne.	Poids moyen des poumons.
Pour les bœufs de races françaises. . .	2^m,613	4^k,662
Pour les bœufs de races britanniques. .	2 ,660	4 ,038
Pour les bœufs croisés.	2 ,582	3 ,759

Pas plus que les autres, ces chiffres ne permettent de saisir la relation que la théorie admet comme générale entre les deux quantités comparées. Ils indiquent même qu'un poids plus faible de poumons peut correspondre à une circonférence thoracique plus grande et *vice versâ*, comme on peut d'ailleurs en constater maint exemple dans les diverses séries de bœufs, et comme le montrent les précédents tableaux.

Cette relation inverse entre le poids des poumons et la circonférence thoracique s'observe encore quand on partage en deux moitiés égales les 52 bœufs de races françaises, la première moitié comprenant les 26 bœufs de circonférence moindre, et la seconde, les 26 bœufs de circonférence plus grande. On trouve alors que les premiers mesurent, en moyenne par tête, $2^m,504$ de circonférence, et que le poids moyen de leurs poumons est de $4^k,762$, tandis que la circonférence moyenne des seconds est de $2^m,724$, et que leurs poumons pèsent en moyenne $4^k,576$; le poids le plus élevé se rencontrant avec la circonférence la plus faible, et le poids le plus faible avec la circonférence la plus grande.

On peut déjà pressentir, d'après cet aperçu, que le développement de la poitrine ne donne pas la mesure du développement des organes de la respiration. On est même conduit à considérer comme un fait très-fréquent la coïncidence du plus faible développement des poumons avec la plus grande circonférence thoracique, et réciproquement.

Ces conséquences d'un examen sommaire des faits les plus généraux, deviennent plus rigoureuses quand la comparaison devient plus précise et ne confond pas ensemble toutes les races, ni surtout tous les âges.

De même que l'animal ne prend pas, dès les premiers temps de sa vie, le poids vif, ni l'ampleur thoracique qu'il présentera à une période plus avancée de son développement, il ne possède pas non plus, tout d'abord, le poids de poumons qu'il accusera plus tard. Les poumons peuvent gagner en poids, comme le thorax en ampleur, à mesure que l'animal se forme et tant qu'il acquiert. De sorte que si l'on compare un animal à lui-même, à deux phases différentes de son existence, ou deux animaux d'âges différents l'un à l'autre, on pourra trouver que l'ampleur du thorax et le volume des poumons sont plus grands chez l'adulte que chez le jeune. Dans ces termes généraux, il est permis de dire que les organes pulmonaires et la région thoracique ont un mouvement commun de développement. Mais ce n'est pas là le sens que la théorie dont nous voulons apprécier la valeur attache au rapport de volume qu'elle admet comme rigoureux et constant entre les poumons et la poitrine. Suivant elle, comme on l'a déjà vu, pour des animaux se trouvant dans des conditions comparables, l'ampleur thoracique traduirait exactement le volume des poumons; la supériorité physiologique appartiendrait à l'animal dont la poitrine est la plus vaste, et cette supériorité s'expliquerait par un développement plus grand des organes respiratoires.

Pour vérifier s'il en est ainsi, il faut donc comparer entre eux des animaux se trouvant à des âges voisins, les plus jeunes aux plus jeunes, les plus âgés aux plus âgés, afin de ne pas rapporter à une cause ce qui dépendrait d'une autre.

Dans cette comparaison, c'est moins le volume absolu des poumons qu'il faut rapprocher du volume du thorax, que le volume des poumons par rapport à celui du corps, ou le poids des poumons relativement au poids du corps. Si, en effet, l'ampleur thoracique indique le volume du poumon, et si le développement des poumons est lui-même la mesure de la puissance physiologique de l'animal, il faut que ces organes soient d'autant plus volumineux, c'est-à-dire d'autant plus puissants, que la masse à nourrir est plus grande; il faut que la cause soit proportionnée aux effets qu'on lui attribue.

Le tableau suivant (tabl. J) réunit tous les éléments d'appréciation rapportés à des groupes et à des sections absolument établis comme ils l'ont été précédemment au tableau D.

Si l'on jette d'abord les yeux sur les groupes où les bœufs sont classés d'après leur âge dans chaque grande catégorie, on voit, comme je l'annonçais tout à l'heure, que le poids vif, la circonférence thoracique et le poids des poumons augmentent généralement à mesure que les animaux avancent dans leur développement. Il s'en faut pourtant que ces trois quantités croissent l'une comme l'autre, en suivant une même échelle, ainsi que le prouvent à la fois les faits relatifs aux groupes, et ceux qui se rapportent aux sections. C'est entre la circonférence de la poitrine et le poids vif seulement que la correspondance reste constante, comme je l'ai montré plus haut. Quant au poids des poumons, s'il augmente aussi, d'une manière générale, à mesure

TABLEAU J. — *Comparaison des Bœufs de différents âges (Groupes) et d'âges voisins (Sections) :*
Rapport entre le Poids des Poumons, la Circonférence thoracique et le Poids vif.

CATÉGORIE.	AGE DES BŒUFS dans chaque groupe.	NOMBRE de têtes.	Circonférence thoracique moyenne.	POIDS moyen des POUMONS.	POIDS vif moyen.	RAPPORT du poids des POUMONS à 100 de poids vif.	SECTIONS dans chaque groupe.	NOMBRE de têtes.	Circonférence thoracique moyenne.	POIDS moyen des POUMONS.	POIDS vif moyen.	RAPPORT du poids des POUMONS à 100 de poids vif.
			m.	k.	k.				m.	k.	k.	
Bœufs de races françaises.	Au-dessous de 4 ans.	9	2.528	4.346	863	0.503	Les plus petites circonf. thor.	5	2.454	3.865	797	0.485
							Les plus grandes circonf. thor.	4	2.621	4.948	946	0.523
	de 4 à 5 ans......	7	2.618	4.376	936	0.468	Les plus petites circonf. thor.	4	2.569	4.980	928	0.537
							Les plus grandes circonf. thor.	3	2.683	3.571	947	0.377
	de 5 à 6 ans......	22	2.589	4.693	921	0.510	Les plus petites circonf. thor.	11	2.486	4.781	847	0.564
							Les plus grandes circonf. thor.	11	2.693	4.604	994	0.463
	de 6 à 7 ans......	14	2.700	4.960	1029	0.483	Les plus petites circonf. thor.	7	2.633	5.053	1006	0.502
							Les plus grandes circonf. thor.	7	2.767	4.867	1052	0.463
Bœufs de races britanniques.	de 3 à 4 ans......	10	2.616	4.149	877	0.473	Les plus petites circonf. thor.	5	2.467	4.253	806	0.528
							Les plus grandes circonf. thor.	5	2.765	4.045	947	0.427
	de 4 à 6 ans......	9	2.709	3.916	1027	0.381	Les plus petites circonf. thor.	4	2.579	3 530	850	0.415
							Les plus grandes circonf. thor.	5	2.814	4.225	1168	0.362
Bœufs croisés.	de 2 à 3 ans 1,2..	10	2.452	3.401	780	0.437	Les plus petites circonf. thor.	5	2.327	3.419	685	0.499
							Les plus grandes circonf. thor.	5	2.577	3.389	874	0.388
	de 3 ans 1/2 à 4 aus.	10	2.640	3.776	894	0.423	Les plus petites circonf. thor.	5	2.489	3.546	781	0.454
							Les plus grandes circonf. thor.	5	2.770	4.005	1006	0.398
	de 4 à 7 ans......	11	2.654	4.068	951	0.428	Les plus petites circonf. thor.	5	2.613	4.213	934	0.451
							Les plus grandes circonf. thor.	6	2.688	3.947	965	0.409

que l'animal prend de l'âge, il ne suit pas du tout l'accroissement du poids vif, ni celui de la circonférence thoracique. L'examen des chiffres rapportés au tableau J pour les sections de chaque groupe le démontre suffisamment.

L'analyse de ces chiffres établit que, chez les animaux plus jeunes, le poids *absolu* des poumons est généralement plus faible que chez les animaux plus âgés ; mais que le poids des poumons par rapport au poids vif, ce que j'appellerai le poids *relatif* des poumons, est constamment plus grand chez les premiers que chez les seconds. Or, comme je l'ai dit, c'est seulement en rapportant le poids des poumons à un même poids de matière vivante qu'on peut faire une comparaison rationnelle au point de vue physiologique. Les organes pulmonaires approchent donc de bonne heure de leur poids définitif, tandis que le terme d'accroissement du corps entier est plus reculé. Dans la catégorie des bœufs de races françaises, les poumons gagnent 14 pour cent en poids, de l'âge de trois ou quatre ans à celui de six à sept ans, alors que le poids vif gagne, dans le même temps, près de trente-sept pour cent, c'est-à-dire deux fois et demie plus.

Ces différences sont d'autant plus accusées que les animaux sont plus jeunes, comme cela ressort des faits que je résume au tableau suivant, et qui m'ont été fournis par l'examen de trois veaux gras, de race Normande, âgés de trois mois et demi, soumis aux mêmes observations que celles dont les bœufs ont été l'objet.

TABLEAU K. — *Résultats d'observation fournis par 3 veaux de race Normande.*

Numéro d'ordre.	POIDS		Poids vif.	Poids net.	Rendement en poids net pour 100 de poids vif.	Poids du suif.	Rapport du poids des poumons à 100 de poids vif.
	des poumons.	du cœur.					
	k.	k.	k.	k.		k.	k.
1	1.383	1.345	210	141	67.143	9	0.658
2	1.741	1.420	245	157	64.082	10	0.711
3	1.457	1.337	195	131	67.179	10	0.747
Moyenne par tête.	1.527	1.367	217	143	66.000	9.7	0.705

On voit que le poids des poumons de ces jeunes animaux est très-élevé par rapport au poids vif. Si nous rapprochons les données de même ordre relatives aux trois bœufs de même race dont il est question au tableau A (n°s 2, 3 et 4), et qui sont âgés de cinq à six ans, nous trouvons que chez ceux-ci le poids vif moyen par tête est de 1190 kil., que les poumons ont un poids absolu moyen de 5,442, et un poids relatif exprimé par 0,457. A l'âge de cinq à six ans, le poids des poumons n'est donc que trois fois et demie ce qu'il était à trois ou quatre mois, tandis que le poids vif est devenu cinq fois et demie plus considérable.

Ce n'est pas la valeur absolue des chiffres qui nous intéresse ici, comme je l'ai déjà fait observer, c'est seulement le sens général qu'ils nous permettent de donner aux phénomènes qu'ils traduisent; après nous avoir montré que les poumons ne suivent pas dans leur développement la même progression que le poids vif, ni que l'ampleur du thorax, ils nous apprennent que les jeunes animaux ont des poumons proportionnellement plus volumineux que les animaux plus avancés en âge.

Quant à la question de savoir si, dans des conditions comparables d'âge et de provenance, le volume des poumons est indiqué par celui de la poitrine, la comparaison deux à deux des sections formées dans chaque groupe fournit le moyen d'y répondre (tableau J).

Dans la catégorie des bœufs français, cette comparaison fait voir que le poids *absolu* des poumons est plus grand quand la circonférence thoracique est plus petite; qu'il est plus petit, quand la circonférence thoracique est plus grande. Il s'ensuit nécessairement que le poids *relatif* des poumons est plus fort quand la circonférence thoracique est plus petite; plus faible, quand la circonférence thoracique est plus grande. Les bœufs les plus jeunes présentent seuls une exception à cet ensemble de faits concordants.

Dans la catégorie des bœufs britanniques et dans celle des bœufs croisés, nous constatons aussi, par la comparaison des sections, qu'aux plus grandes circonférences thoraciques correspondent constamment les plus faibles poids *relatifs* des poumons, tandis que les poids *relatifs* les plus élevés correspondent aux plus petites circonférences thoraciques. Nous voyons même que le poids *absolu* des poumons est plus fort quand la circonférence du thorax est plus petite ; qu'il est plus faible quand cette circonférence est plus grande. Mais chacune de ces deux grandes catégories offre, sur ce dernier point, une exception.

Toutes ces relations sont clairement indiquées par les courbes de la figure 2. On voit, qu'entre la Circonférence thoracique et le Poids vif, qui restent à peu près parallèles, le poids absolu et surtout le poids relatif des Poumons prennent une marche en sens inverse.

De cet ensemble de faits me semblent résulter les conséquences suivantes :

1° *A mesure qu'il prend du développement, l'animal gagne en poids vif, sa circonférence thoracique acquiert plus d'ampleur, ses poumons prennent plus de volume ; mais ces trois quantités ne suivent pas une progression parallèle.*

2° *Le poids vif et la circonférence thoracique se correspondent seuls d'une manière constante à toutes les périodes du développement des animaux.*

3° *Les poumons ne restent en rapport constant ni avec le poids vif, ni avec la circonférence thoracique ; seulement, ils sont d'autant plus développés, pour un même poids vivant, que les animaux sont plus jeunes.*

4° *Pour des animaux voisins d'âge et dans des conditions générales comparables, le développement des poumons ne correspond pas à celui de la région thoracique, de manière à ce qu'on puisse prendre l'ampleur de la poitrine pour indice du volume des organes pulmonaires.*

5° *Au contraire, chez ces animaux, on trouve le plus ordinairement que le poids absolu des poumons et constamment que le poids relatif de ces mêmes organes par rapport à un même poids vif sont plus faibles quand la circonférence thoracique est plus grande ; plus élevés, quand la circonférence thoracique est plus petite.*

L'observation contredit donc cette assertion, avancée et répétée sans preuve, que le développement de la poitrine donne la mesure du développement des poumons, et que les poumons sont plus volumineux chez les animaux remarquables par leur puissance assimilatrice. Elle établit même que c'est précisément chez les animaux de boucherie qui, à condition égale, donnent le gain en poids vif le plus considérable et accusent l'ampleur thoracique la plus grande, que les poumons sont le moins développés.

Cette proposition est assez importante, par sa nouveauté et

surtout au point de vue physiologique, pour qu'il ne soit pas inutile de soumettre à.une contre-épreuve les faits sur lesquels elle repose.

S'il est vrai qu'il y ait généralement accord entre la circonférence thoracique et le poids vif, et que, pour une circonférence plus grande, le poids des poumons soit relativement plus faible, on devra trouver aussi que le poids relatif des poumons est plus faible quand le poids vif est plus élevé.

Pour vérifier s'il en est ainsi, je classe les bœufs par race, dans chaque catégorie, et je divise les races en deux sections quand elles comptent un nombre suffisant de têtes pour que cette division soit possible : de ces deux sections, l'une comprend les animaux les moins pesants, et l'autre, les animaux les plus pesants. Pour chaque race et pour chaque section, je cherche le poids vif moyen par tête, le poids moyen des poumons et le rapport du poids des poumons au poids vif. Le tableau L réunit tous ces éléments de comparaison ainsi groupés.

Dans la catégorie des bœufs français, douze races sont représentées; elles sont classées au tableau d'après l'ordre que leur assigne leur poids vif. En rapprochant les deux colonnes qui donnent le poids vif et le poids relatif des poumons, on voit que ce sont les races du poids vif le plus faible qui accusent le poids des poumons le plus élevé, et réciproquement. Le fait est naturellement mis le mieux en évidence par les races placées aux deux points extrêmes de la liste. Pour les bœufs les moins pesants, Breton, Aubrac, Limousin-Salers, dont le poids vif est de 650, de 775 et de 820 kilogrammes, le poids des poumons pour 100 de poids vif est de 0,624, de 0,614 et de 0,593, rapports les plus élevés et d'autant plus élevés que le poids vivant est plus bas. Pour les bœufs les plus lourds, Garonnais, Garonnais-Limousins, Normands, dont le poids vif est de 1032, de 1060 et de 1148 kilogrammes, le rapport du poids des poumons au poids vif est le plus faible, et égal à 0,479, à 0,452 et à 0,453.

Ces différences sont considérables ; car, en comparant les deux poids vifs les plus forts aux deux poids vifs les plus faibles, on trouve que les premiers sont aux seconds comme 100 est à 65 ; tandis qu'en comparant les deux poids relatifs de poumons les plus élevés aux deux poids relatifs les plus bas, on voit que les premiers sont aux seconds comme 100 est à 73 ; il s'en faut donc

Tableau L. — *Comparaison des Races entre elles, et des Bœufs moins pesants aux Bœufs plus pesants dans chaque race :*

Rapport entre le Poids des Poumons et le Poids vif.

CATÉGORIE.	RACE.	Nombre de têtes.	POIDS VIF moyen par tête. (k.)	POIDS MOYEN des poumons par tête. (k.)	RAPPORT du poids des poumons à 100 de poids vif.	COMPARAISON des BŒUFS LES MOINS PESANTS aux BŒUFS LES PLUS PESANTS dans chaque race.	POIDS VIF moyen par tête. (k.)	POIDS MOYEN des poumons par tête. (k.)	RAPPORT du poids des poumons à 100 de poids vif.
Bœufs français.	Breton	1	650	4.057	0.624				
	Aubrac	1	775	4.758	0.614				
	Limousin-Salers	1	820	4.865	0.593				
						Un bœuf de 2 ans	605	3.501	0.579
	Choletais	7	851	4.431	0.520	Les 4 b. les moins pesants	850	4.529	0.533
						Les 2 b. les plus pesants.	978	4.700	0.481
	Comtois	1	860	4.871	0.566				
	Charolais	16	929	4.295	0.463	Les 8 b. les moins pesants	861	4.036	0.469
						Les 8 b. les plus pesants.	997	4.554	0.457
	Limousins	10	931	5.141	0.552	Les 5 b. les moins pesants	872	5.457	0.626
						Les 5 b. les plus pesants.	990	4.825	0.487
	Bourbonnais	1	950	4.876	0.513				
	Salers	4	983	4.581	0.466	Les 2 b. les moins pesants	935	4.515	0.469
						Les 2 b. les plus pesants.	1030	4.777	0.461
	Garonnais	3	1032	4.915	0.479				
	Garonnais-Limousins	3	1060	4.788	0.452				
	Normands	4	1148	5.195	0.453	Les 2 b. les moins pesants	1083	4.800	0.443
						Les 2 b. les plus pesants.	1213	5.591	0.461
Bœufs britanniques.	Devon	1	620	3.000	0.481				
	West-Highland	2	650	2.626	0.404				
	Hereford	1	990	3.643	0.368				
	Durham	12	994	4.461	0.449	Les 6 b. les moins pesants	879	4.354	0.495
						Les 6 b. les plus pesants.	1109	4.534	0.412
	Angus	2	1018	3.899	0.383				
	Durham-Angus	1	1130	3.511	0.311				
Bœufs croisés.	Ayr-Breton	1	630	4.020	0.638				
	Ayr-Durham-Breton	1	640	2.208	0.345				
	Durham-Breton	1	760	3.169	0.417				
	D.-Schwitz-Normand	5	825	3.517	0.426	Les 3 b. les moins pesants	702	2.986	0.425
						Les 2 b. les plus pesants.	960	4.313	0.449
	Durham-Normands	2	840	3.253	0.387				
	Durham-Charolais	10	883	3.924	0.445	Les 5 b. les moins pesants	772	3.752	0.486
						Les 5 b. les plus pesants.	993	4.096	0.413
	Durham-Manceaux	11	957	3.983	0.416	Un bœuf de 2 ans 1/2	675	3.665	0.513
						Les 5 b. les moins pesants	920	3.979	0.433
						Les 5 b. les plus pesants	1051	4.051	0.385

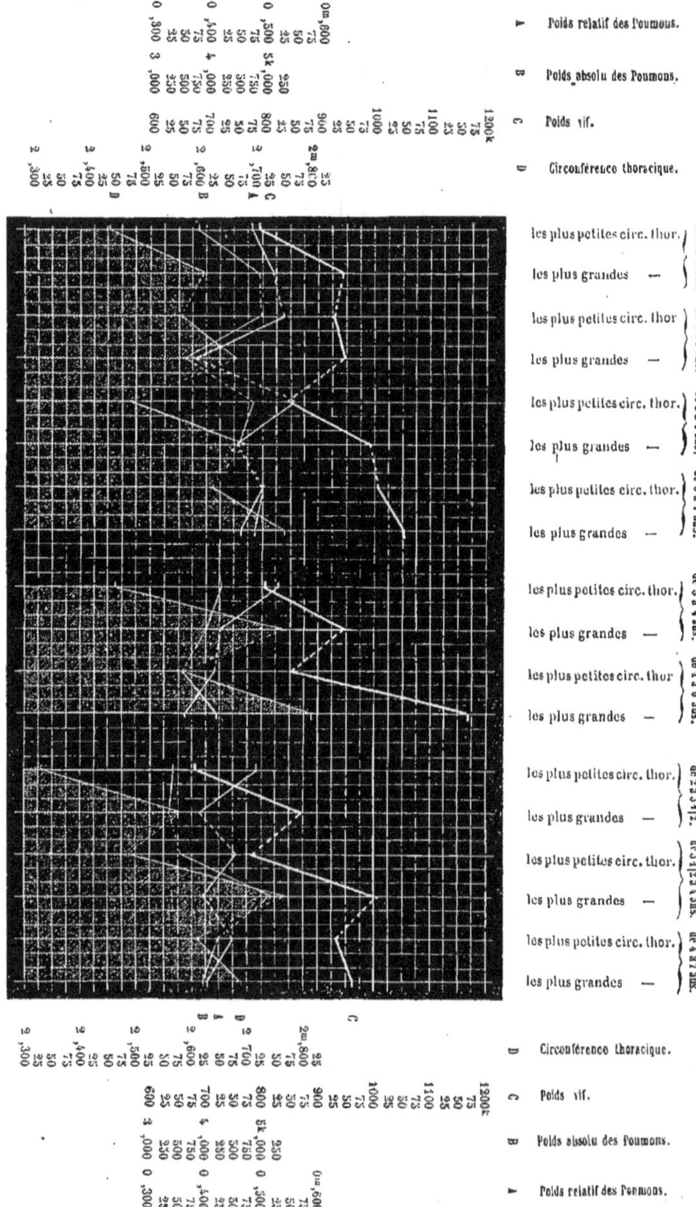

Rapports entre la Circonférence thoracique, le Poids vif et le Poids des Poumons dans les Races Bovines.

A. BŒUFS DE RACES FRANÇAISES.

B. BRITANNIQUES.

BŒUFS CROISÉS.

A   Poids relatif des Poumons.
B   Poids absolu des Poumons.
C   Poids vif.
D   Circonférence thoracique.

les plus petites circ. thor. — de 3 à 4 ans.
les plus grandes —
les plus petites circ. thor. — de 4 à 5 ans.
les plus grandes —
les plus petites circ. thor. — de 5 à 6 ans.
les plus grandes —
les plus petites circ. thor. — de 6 à 7 ans.
les plus grandes —

les plus petites circ. thor. — de 3 à 4 ans.
les plus grandes —
les plus petites circ. thor. — de 4 à 6 ans.
les plus grandes —

les plus petites circ. thor. — de 2 à 3 à 4 ½.
les plus grandes —
les plus petites circ. thor. — de 3 ½ à 3 à 4 ans.
les plus grandes —
les plus petites circ. thor. — de 4 à 7 ans.
les plus grandes —

D   Circonférence thoracique.
C   Poids vif.
B   Poids absolu des Poumons.
A   Poids relatif des Poumons.

Fig. 2.

de moins de dix pour cent que le poids relatif des poumons soit ici en raison inverse du poids vif.

Entre les deux extrêmes, les autres races se classent sensiblement suivant le même principe. La race Charolaise seule présente une exception et donne un poids relatif de poumons moins élevé que son poids vif ne semblerait l'exiger. Mais s'il est vrai, comme cela résulte de la discussion des faits, que chez les animaux de boucherie les plus remarquables, le poids des poumons est plus faible relativement au poids vif, on s'expliquera l'exception que fait ici notre race Charolaise, la plus améliorée et aussi la mieux représentée des races qui figurent aux Concours de boucherie.

Dans la catégorie des six races britanniques, les faits confirment les mêmes conséquences générales. Aux deux extrémités de la série sont placés le bœuf Devon et le bœuf Durham-Angus ; le premier, du poids vif le plus faible (620 kil.), donne le poids relatif des poumons le plus élevé (0,484) ; le second, du poids vif le plus élevé (1130 kil.), donne le poids relatif des poumons le plus faible (0,311). Entre les deux extrêmes, le bœuf Hereford seul présente un écart un peu sensible.

Ces deux termes extrêmes de la catégorie des races britanniques correspondent assez exactement, pour le poids vif, aux deux termes extrêmes de la catégorie des races françaises ; mais il s'en faut qu'ils leur correspondent aussi pour le poids des poumons. Le poids absolu et, à plus forte raison, le poids relatif de ces organes est notablement plus faible dans les races britanniques que dans nos races indigènes ; dans la race de Durham, en particulier, que dans aucune des races françaises dont il est question au tableau. Ce fait peut s'expliquer encore, suivant les observations précédentes, par la supériorité des races britanniques comme races spéciales de boucherie. Je reviendrai plus loin sur cette comparaison entre les races des deux pays.

Parmi les bœufs croisés, le moins pesant de tous, l'Ayr-Breton, du poids de 630 kilog., donne, pour les poumons, le poids relatif le plus élevé de tous ceux de la catégorie, soit 0,638 pour cent du poids vif. Les Durham-Manceaux, dont le poids vif est le plus grand (957 kil.), ont des poumons dont le poids relatif est un des moindres par rapport au poids vivant (0,416). Toutefois les divers croisements ne se classent pas d'une manière rigoureusement conforme au principe auquel les races françaises ou britanniques semblent obéir. Mais on comprend aisément que les races britanniques, notamment la race Durham qui est la plus employée pour obtenir ces croisements, se signalant par un poids relatif de poumons plus faible comparativement à nos races indigènes, doivent modifier dans leur sens la conformation et la structure des produits de croisement, et les rapprocher d'autant plus d'elles que leur sang leur a été plus abondamment infusé ou qu'elles leur ont plus profondément imprimé leur cachet. Or, nous ne savons pas à quel degré de croisement se trouvent les bœufs que nous étudions ici, et nous n'avons aucun moyen de juger jusqu'à quelle limite ils portent l'empreinte de la race qui les a croisés. Nous pouvons supposer que les exceptions dont il s'agit sont peut-être déterminées par des différences dans l'origine; mais il nous est impossible de hasarder aucune affirmation.

De la comparaison des races dans chaque catégorie, si nous passons à la comparaison des sections formées par les races qui comptent plus d'une tête, nous constatons des faits absolument de même nature.

Ainsi, parmi les sept bœufs Choletais, un est âgé de deux ans, les six autres ont cinq ans. Le premier, que son âge très-différent force à isoler de ses congénères, est naturellement celui qui pèse le moins, c'est aussi celui dont les poumons ont le plus fort poids relatif. Des six Choletais d'âge égal, quatre ont des poids très-voisins dont les extrêmes ne s'éloignent que de 25 kilog.; ils composent la section des bœufs les moins pesants. Les deux autres forment celle des bœufs les plus lourds. On voit au tableau que le poids des poumons est d'autant plus faible, pour un même poids vif, que le poids des animaux est plus fort. Je signalerai même le bœuf le plus pesant de cette race (n° 11, tableau A; 990 kil.) comme donnant le rapport le plus faible entre le poids des poumons et le poids vif (0,463, p. 100).

Les mêmes faits se reproduisent avec la même signification pour les Charolais, les Limousins, les Salers, et j'ajouterai de suite, pour ne pas trop étendre cette analyse si facile à compléter par un coup d'œil au tableau L, pour les Durham, les Durham-Manceaux et les Durham-Charolais; partout c'est dans la section des bœufs les moins pesants comparés aux plus pesants que le poids des poumons est plus élevé par rapport au poids vif. Il ne se présente d'exception que pour les Normands et les Durham-Schwitz-Normands; encore, pour ces derniers, voyons-nous le plus pesant des cinq bœufs (n° 5, tableau C; 1030 kilog.) accuser le plus faible poids relatif des poumons (0,391 p. 100).

Des bœufs garonnais c'est aussi le plus pesant (n° 29; 1055 kil.) qui a les poumons relativement les plus légers (0,417 p. 100). Il en est de même parmi les Durham (n° 9; 1300 kilog.; 0,367), les Angus (n° 15; 1210 kilog.; 0,320), les Durham-Normands (n° 6; 880 kil.; 0,336), les Durham-Manceaux (n°s 14 et 12; 1165 et 1060 kilog.; 0,345 et 0,329).

Les mêmes relations sont encore mises en évidence sous une autre forme par la comparaison que j'établis au tableau M.

Tableau M. — *Comparaison de Bœufs de même âge appartenant à diverses races françaises : — Circonférence thoracique ; Poids vif; Rapport du Poids des Poumons au Poids vif.*

Nombre de têtes.	RACE.	AGE.	Circonférence thoracique.	Poids vif.	Poids des poumons.	Rapport du poids des poumons à 100 de poids vif.
			m.	k.	k.	
3.	Normands..........	5 à 6 ans.	2.832	1190	5.442	0.457
2.	Garonnais-Limousins	6 à 7 ans.	2.755	1090	5.085	0.467
3.	Garonnais..........	5 à 6 ans.	2.723	1032	4.945	0.479
4.	Salers	5 à 7 ans.	2.694	983	4.581	0.466
8.	Charolais	5 à 6 ans 1/2	2.661	971	4.351	0.448
6.	Limousins..........	5 à 6 ans.	2.598	921	5.357	0.582
6.	Choletais...........	5 ans.....	2.526	893	4.586	0.514

Dans la catégorie des bœufs français, la seule qui se prête à ce rapprochement, je prends les animaux de différentes races ayant le même âge; je mets en parallèle, pour chaque race, la circonférence thoracique, le poids vif et le poids des poumons. Comme je l'ai constaté dans la première partie de ce Mémoire et dans celle-ci, le poids vivant suit le développement de la poitrine avec une exactitude aussi rigoureuse qu'on peut l'exiger. D'autre part, comme le montre cette seconde partie de mon travail, le poids des poumons décroît, relativement au poids vif, selon que celui-ci s'élève. Il est inutile d'insister sur les détails; la discussion précédente en rend raison, et le tableau met en suffisante lumière les rapports généraux qu'il importe de saisir.

De toutes ces analyses partielles, comme des observations d'ensemble, ressortent deux conclusions :

1° Dans les races les moins pesantes, comparées aux plus lourdes, les poumons prennent un poids proportionnellement plus élevé par rapport au poids vif.

2° Parmi les animaux de même race, le plus faible poids relatif des poumons se rencontre chez ceux qui ont le poids vif le plus élevé ; et le plus fort poids relatif des poumons chez ceux qui ont le poids vif le plus faible.

Ces conséquences sont confirmatives et complémentaires des précédentes. Celles-ci ont établi qu'il existe un accord généralement constant entre l'ampleur de la région thoracique et le poids vif, et que le poids des poumons est relativement plus faible quand l'ampleur thoracique est plus grande ; il n'est donc pas étonnant de trouver ici que le poids des poumons est proportionnellement plus faible quand le poids vif est plus élevé.

On constate, de plus, que s'il est vrai que les animaux jeunes, comparés aux plus âgés, ont des poumons relativement plus développés, cela est aussi généralement vrai pour les animaux d'un poids faible comparés à ceux d'un poids plus élevé, dans une même race, et pour les races moins pesantes comparées aux plus lourdes. La conclusion se généralise donc jusqu'à prendre l'importance d'une loi qui pourrait se formuler ainsi : — Le poids des poumons n'est pas proportionnel au poids total du corps ; chez les animaux d'un faible poids vif, il est relativement plus élevé que chez les animaux plus pesants. Il semble que les animaux qui restent en retard pour le gain vif ou ceux qui s'arrêtent normalement à un poids faible reproduisent, dans leur développement, l'état transitoire des animaux jeunes, qu'ils en gardent les dispositions anatomiques et physiologiques.

Les poumons ne sont pas les seuls organes qui présentent ces relations ; le cœur obéit absolument aux mêmes lois, comme le prouve le tableau Z, où les faits sont groupés tout à fait comme ils le sont aux tableaux D et J, et se rapportent aux mêmes animaux. Je me contente de les indiquer, sans y insister davantage.

TABLEAU Z. — *Comparaison des Bœufs de différents âges (Gróupes) et d'âges voisins (Sections) :*
Rapport entre le Poids du Cœur, la Circonférence thoracique et le Poids vif.

CATÉGORIE.	AGE DES BŒUFS dans chaque groupe.	NOMBRE de têtes.	Circonférence thoracique moyenne.	POIDS moyen du cœur.	POIDS vif moyen.	RAPPORT du poids du cœur à 100 de poids vif.	SECTIONS dans chaque groupe.	NOMBRE de têtes.	Circonférence thoracique moyenne.	POIDS moyen du cœur.	POIDS vif moyen.	RAPPORT du poids du cœur à 100 de poids vif.
			m.	k.	k.				m.	k.	k.	
Bœufs de races françaises.	Au-dessous de 4 ans	9	2.528	3.848	863	0.446	Les plus petites circonf. thor.	5	2.454	3.415	797	0.429
							Les plus grandes circonf. th.	4	2.621	4.389	946	0.464
	de 4 à 5 ans......	7	2.618	3.699	936	0.395	Les plus petites circonf. th.	4	2 569	3.889	928	0.419
							Les plus grandes circonf. th.	3	2.683	3.447	917	0.364
	de 5 à 6 ans......	22	2.589	4.114	921	0.447	Les plus petites circonf. th.	11	2.486	4.061	847	0.479
							Les plus grandes circouf th.	11	2.693	4.166	994	0.419
	de 6 à 7 ans......	14	2.700	4.501	1029	0.437	Les plus petites circouf. th.	7	2.633	4.526	1006	0.450
							Les plus grandes circonf. th.	7	2.767	4.476	1052	0.4z5
Bœufs de races britanniques.	de 3 à 4 ans......	10	2.616	3.985	877	0.455	Les plus petites circonf. th.	5	2.467	3.988	806	0.495
							Les plus grandes circonf. th.	5	2.765	3.982	947	0.420
	de 4 à 6 ans......	9	2.709	3.877	1027	0.378	Les plus petites circonf. th.	4	2.579	3.406	850	0.401
							Les plus grandes circonf. th.	5	2.814	4.254	1168	0.364
Bœufs croisés.	de 2 à 3 ans 1/2...	10	2.452	3.453	780	0.443	Les plus petites circonf. th.	5	2.327	3.386	685	0.494
							Les plus grandes circouf. th.	5	2.577	3.520	874	0.403
	de 3 ans 1/2 à 4 ans.	10	2.640	3.854	894	0.431	Les plus petites circonf. th.	5	2.489	3.571	781	0.457
							Les plus grandes circouf th.	5	2.770	4.137	1006	0.411
	de 4 à 7 ans......	11	2 654	4.008	951	0.421	Les plus petites circouf. th.	5	2.613	3.913	934	0.419
							Les plus grandes circonf. th.	6	2.688	4.087	965	0.423

Nous avons vu, en comparant les deux termes extrêmes de la catégorie des races françaises aux deux termes correspondants de la catégorie des races britanniques (tableau L), que le poids absolu et le poids relatif des poumons sont plus grands chez nos bœufs indigènes que chez ces bœufs étrangers, pour des poids vifs analogues. Il n'est pas sans intérêt, pour la question qui nous occupe ici, de savoir si ce fait est accidentel, ou s'il a quelque fondement dans la nature même des bœufs des deux provenances.

Pour éclairer ce point, j'ai pris, dans la catégorie des races françaises, dix-neuf bœufs dont le poids individuel correspond, autant que possible, au poids de chacun des dix-neuf bœufs qui composent la catégorie des races britanniques, de manière à obtenir, pour un même nombre de têtes, un poids vif total qui soit aussi le même de part et d'autre. Le tableau N présente cette double série, avec l'âge, le poids vif et le poids des poumons de chaque animal.

Le total du poids vif est le même dans l'un et l'autre groupe, puisqu'il n'y a, pour les dix-neuf bœufs de l'un comparés aux dix-neuf bœufs de l'autre, qu'une différence de 4 kilog., c'est-à-dire une différence insignifiante sur une somme de plus de 18,000 kilog. Si le poids vif est égal, il s'en faut que le poids *absolu* des poumons soit le même : il est notablement plus considérable chez les bœufs des races françaises, et dépasse le poids des poumons des bœufs' britanniques de 633 grammes par tête moyenne, c'est-à-dire d'un sixième environ du poids de ces organes. Le poids absolu des poumons étant plus grand, à poids vif égal, chez les bœufs des races françaises, le poids relatif y est nécessairement plus élevé aussi. Je n'ajoute cette remarque que pour rappeler que ce sont là précisément les résultats précédemment trouvés, dans une comparaison analogue, mais moins complète.

Pour un même poids vif, les bœufs des deux séries que nous étudions n'ont pas fourni le même rendement. Les bœufs des races françaises donnent, pour 100 de poids vif, 65,008 en poids net, et 10,119 en poids de suif, tandis que les bœufs des races britanniques donnent 68,025 en poids net, et 9,747 en poids de suif. Le rendement en suif est donc peu différent, quoiqu'un peu plus élevé pour les bœufs français ; le rendement en poids

TABLEAU N. — *Comparaison des bœufs de races françaises aux bœufs de races britanniques :*
Rapport entre le Poids des Poumons et le Poids vif.

BŒUFS de races françaises.	N° d'ordre au tableau A.	AGE. (ans mois jours.)	POIDS VIF. (k.)	POIDS des poumons. (k.)	BŒUFS de races britanniques.	N° d'ordre au tableau B.	AGE. (ans mois jours.)	POIDS VIF. (k.)	POIDS des poumons. (k.)
Choletais	5	2 2	605	3.501	Devon	17	3	620	3.000
Breton	52	5	650	4.057	West-Highland	18	4 3	625	2.357
Aubrac	50	5	775	4.758	West-Highland	19	5 3	675	2.895
Charolais	15	3 8	800	3.025	Durham	6	3 6	780	3.750
Limousin-Salers	45	4 6	820	4.865	Durham	2	2 10	825	3.652
Charolais	12	3	830	4.202	Angus	14	3 1	825	3.922
Charolais	20	5	890	2.200	Durham	4	2 11	895	6.411
Salers	47	5 à 6	900	4.454	Durham	3	2 10	910	4.450
Limousin	35	3 11	915	6.437	Durham	1	2 9	925	3.758
Limousin	38	4 6	935	3.028	Durham	8	3 11	940	4.100
Choletais	11	5	990	4.585	Hereford	16	4 3 15	990	3.643
Charolais	23	5 à 6	1010	4.680	Durham	5	3 2	1010	4.121
Garonnais	31	6	1030	6.100	Durham	7	3 10	1036	4.325
Salers	48	6	1040	4.707	Durham	10	4 4	1100	4.159
Limousin	44	6	1120	5.234	Durham	11	5 3	1100	4.807
Garonnais-Limousin	34	6 à 7	1130	6.598	Durham	12	6	1110	5.223
Normand	3	6	1145	5.143	Durham-Angus	13	5 2	1130	3.511
Normand	4	6	1175	5.334	Angus	15	4 8	1210	3.876
Normand	2	5 3	1250	5.848	Durham	9	4	1300	4.771
TOTAL pour les 19 bœufs			18010	88.756	TOTAL pour les 19 bœufs			18006	76.731
MOYENNE par tête			947.895	4.671	MOYENNE par tête			947.684	4.038
Rapport du poids des poumons à 100 de poids vif..			0.493		Rapport du poids des poumons à 100 de poids vif..			0.426	

net est sensiblement plus fort en faveur des bœufs britanniques, et correspond à une plus-value de $28^k,447$ par tête. L'âge moyen des bœufs britanniques est de 47 mois et 12 jours ; celui des bœufs français est de 59 mois et 21 jours ; les premiers sont donc, en moyenne, plus jeunes d'un an.

Ainsi, quoique plus jeunes d'un an, les bœufs des races britanniques sont arrivés au même poids vif que les bœufs français ; leur rendement, très-peu inférieur en suif, est notablement plus fort aux quatre quartiers. Je n'examine pas ici l'importance que peuvent avoir, pour le producteur et pour le consommateur, cette précocité plus grande et ce rendement plus élevé en matières comestibles débitables ; je signale seulement, en dehors de toute appréciation économique, les faits qui établissent la supériorité des bœufs britanniques dont il est question, comme utilisateurs de leur ration, comme bêtes de boucherie, et de cette observation je rapproche immédiatement ce fait, que, chez ces bœufs, les poumons sont moins développés que chez des bœufs plus tardifs, d'un rendement moindre à l'abatage. Je suis donc ramené encore à considérer l'aptitude des animaux pour l'engraissement comme liée à un appareil respiratoire moins développé, par suite moins puissant.

Cette comparaison permet aussi d'ajouter un trait à la définition de la précocité, et de préciser, sur un point, en quoi elle consiste. Les races précoces approchent, plus rapidement que d'autres, de l'état adulte, par un rendement élevé et un engraissement parfait ; j'ai montré, dans mes études sur la viande de boucherie, que ces races acquièrent réellement une maturité hâtive de la viande. Nous les voyons ici présenter le caractère qui se prononce de plus en plus à mesure que l'animal prend plus de développement : un poids de poumons relativement plus faible par rapport au poids vif. Ces races se montrent donc, par cette particularité même de leur organisation, plus tôt adultes que les races tardives, en même temps qu'elles possèdent plus tôt les aptitudes qui rendent l'engraissement facile.

De quelque manière que je groupe les faits d'observation, il en ressort toujours cette conséquence générale, que les animaux de boucherie les plus remarquables par leur poids acquis, leur engraissement, leur rendement, leur précocité, se distinguent par une région thoracique plus grande ; mais que, loin d'indiquer un volume plus considérable des poumons, cette ampleur de la poitrine correspond à un développement des organes pulmonaires souvent absolument moindre, et toujours plus faible par rapport au poids vif. Si la théorie qui prend le volume de la poitrine pour mesure du volume des poumons peut avoir sur ce point raison en partie dans les limites et avec les exceptions que les faits indiquent, elle ne trouve aucun fondement dans les faits quand elle rattache le produit plus élevé de l'assimilation, chez les animaux à vaste poitrine, à un travail respiratoire plus actif dû à un appareil plus développé. En mesurant le travail fonctionnel par le développement des organes qui l'accomplissent, on est conduit, tout au contraire, à estimer que l'activité respiratoire est moindre chez les animaux que signalent spécialement leur gain vif plus grand, leur engraissement plus facile et plus complet.

Cette conclusion est tout à fait confirmée, comme je vais le montrer, par les données expérimentales que possède la physiologie.

IV

CONCORDANCE ENTRE LES RÉSULTATS CONSTATÉS DANS CE TRAVAIL ET LES DONNÉES PHYSIOLOGIQUES.

En s'appuyant sur ce que l'on sait des actions vitales dans leur rapport avec les phénomènes respiratoires, il est difficile de comprendre comment la respiration pourrait être tout particulièrement active, c'est-à-dire la combustion physiologique tout spécialement énergique, chez des animaux où le travail de la nutrition se balance par un gain vif notable et un dépôt considérable de graisse ; on serait plutôt disposé à croire que la respiration est, dans ce cas, moins intense. Ce que toutes les expériences établissent de la manière la plus certaine, relativement à l'activité respiratoire, c'est qu'elle est en connexité intime avec la puissance physiologique de l'organisme, qu'elle croît et décroît avec elle et comme elle[1]. Or, cette puissance varie avec chacun des états dans lesquels l'animal peut se trouver, avec chacune des

1. Voy. M. Edwards, *Leçons sur la Physiologie et l'Anatomie comparée*, t. II, p. 460-566. Paris, 1858.

situations dans lesquelles nous le plaçons pour en obtenir un service ou un produit. Elle n'est pas la même pour l'animal qui travaille et pour celui qui se repose, pour la femelle laitière ou nourrice, et pour le bœuf à l'engrais, pour l'adulte et pour le jeune animal qui se développe. A chaque situation correspond un ensemble de conditions physiologiques qui règlent la puissance vitale, en déterminent les effets, et sont, en quelque sorte, les conditions statiques de cette situation.

Pour l'animal à l'engrais, ces conditions, en tant qu'elles intéressent les fonctions respiratoires, sont celles qui résultent de l'état d'inaction dans lequel on tient l'animal, auquel on ne demande d'exercer ni sa force musculaire, ni ses organes de locomotion, et qui reste le plus ordinairement couché, au milieu d'un calme complet, dans la demi-obscurité de l'étable. Ce sont aussi celles qui dépendent de la nature même des bêtes d'engrais, dont le tempérament lymphatique se prononce plus ou moins, et chez lesquelles l'augmentation continue du poids du corps, l'embonpoint progressif, affaiblit l'énergie.

Les expérimentateurs ont tous reconnu ces conditions comme diminuant la puissance vitale et, par conséquent, le travail respiratoire. Soit qu'ils aient évalué directement l'activité de la respiration par le volume d'air susceptible d'entrer dans le poumon et d'en sortir, dans un temps donné[1] ; soit qu'ils l'aient appréciée par la fréquence des mouvements alternatifs de la respiration[2] ; soit qu'ils l'aient mesurée par l'intensité des phénomènes chimiques de la combustion physiologique, quantité d'oxygène absorbé et d'acide carbonique exhalé[3] ; ils ont tous constaté que la puissance respiratoire diminue pendant le repos, spécialement chez les grands mammifères[4], pendant le sommeil, pendant le calme, dans le décubitus, à l'obscurité, dans l'état d'obésité ; tandis qu'elle augmente par l'effort musculaire, violent ou faible,

1. Hutchinson, — Simon, — Albers, — Fabius, — Wintrich, — F. Arnold, — Voorhelm Schneevogt ; etc.... Voy. M. Edwards, *Leçons sur la Physiologie et l'Anatomie comparée*, t. II, p. 458.

2. Hutchinson, — Herbst, — Quételet, — Valentin, — Marcé, — Mignot, — Guy, etc..., — *ibid.*

5. Spallanzani, — Cuvier, — Dulong, — Regnault et Reiset, — Saissy, — Scharling, — etc..., — ibid.

4. Colin, *Physiologie comparée des an. domestiques*, t. II, p. 152.

continu ou momentané, par l'exercice même modéré, par la marche, pendant la station comparée à la position du coucher, sous l'influence de la lumière, d'une excitation quelconque, pour les tempéraments nerveux et impressionnables. Ces phénomènes se sont toujours manifestés dans le même sens, soit qu'on ait comparé un individu à lui-même, soit qu'on ait comparé les espèces les unes aux autres, ou même les grands groupes zoologiques entre eux [1].

Les faits d'observation pratique sont tout à fait conformes à ces résultats d'expérimentation ; ils prouvent aussi que tout ce qui provoque l'activité vitale, même ce qui inquiète ou distrait les animaux d'engrais, à l'herbage comme en stabulation, a pour effet une consommation plus grande d'aliments et un retard dans l'assimilation.

En présence d'un ensemble de données aussi concordantes, on s'étonne qu'une théorie ait pu prendre pour base la supposition d'une activité plus grande de la respiration, afin d'expliquer l'aptitude des animaux spécialement propres à l'engraissement, alors même qu'elle eût été fondée à croire à un développement plus grand des poumons chez ces mêmes animaux. L'hypothèse physiologique était ruinée d'avance par tous les faits acquis à la science ; l'hypothèse anatomique, soumise au contrôle de l'observation, tombe devant elle ; les expériences sur la fonction, comme les recherches sur les organes, sont d'accord pour établir que, chez les animaux dont il est question, la respiration est moins active. L'opinion contraire ne voit donc subsister ni les faits qu'elle invoquait comme cause, ni ceux qu'elle déduisait comme effets.

En comparant les races françaises aux races britanniques, j'ai montré que, chez les premières, les poumons étaient plus développés que chez les secondes, pour un poids vif égal, et j'ai rappelé que celles-ci se distinguent par une tendance plus marquée à acquérir promptement du poids et à prendre la graisse. Or, les races françaises n'arrivent à l'abattoir qu'après avoir fourni une carrière plus ou moins longue de travail ; aux races britanniques on ne demande ni travail, ni mouvement ; elles sont dès leur naissance, pour ainsi dire, placées au milieu de ces condi-

---

1. M. Edwards, *Leçons sur la Physiologie et l'Anatomie comparée*, t. II, p. 458.

tions que j'indiquais tout à l'heure comme atténuant la puissance respiratoire. N'est-il pas remarquable de voir que les organes de la respiration sont aussi moins volumineux chez les animaux britanniques, et ne semble-t-il pas que les habitudes fonctionnelles ont réagi sur l'organisation pour la mettre en harmonie avec elles? Les poumons correspondraient ainsi à leur activité par leur volume, en suivant la loi générale d'après laquelle l'exercice développe les organes.

D'autre part, en cherchant quel est le poids des poumons par rapport au poids vivant dans les races françaises, j'ai trouvé qu'il est plus élevé chez les bœufs d'un poids faible que chez les bœufs d'un poids considérable ; la race charolaise a accusé un rapport moins élevé encore que son poids vif ne semblerait le comporter. Par ce caractère, cette race se rapproche donc des races britanniques, et c'est aussi celle que nos éleveurs ont le plus rapprochée jusqu'ici du type le plus célèbre des animaux de boucherie. Sans attacher à ces faits l'importance qu'ils auraient s'ils étaient observés sur un plus grand nombre de têtes, il n'est peut-être pas sans intérêt de les indiquer. Outre qu'ils appuient les conséquences générales, en montrant qu'elles restent concordantes même dans les détails, ils peuvent jeter quelque jour sur l'histoire si obscure de la formation des races.

Les expériences sur les causes des variations des phénomènes respiratoires n'ont pas seulement mis hors de doute la dépendance où l'activité de la respiration se trouve par rapport à la puissance vitale de l'organisme ; elles ont encore constaté un certain nombre de faits avec lesquels sont complétement d'accord ceux que m'ont fournis mes observations. Elles nous ont appris qu'il n'existe aucun lien appréciable entre l'énergie de la respiration et la circonférence du thorax, tandis qu'il y a une relation assez constante entre cette énergie et la taille des individus ; — que la puissance respiratoire n'est, en aucune façon, déterminée par la masse du corps ; — que, rapportée à un même poids, à une même somme de matière organisée, cette puissance est plus grande chez les animaux de faible poids, soit qu'on compare entre eux de petits et de grands individus de la même espèce, soit qu'on mette les petites espèces en parallèle avec les grandes ; — qu'enfin cette même puissance respiratoire est plus développée

chez les animaux jeunes, qu'elle diminue par conséquent avec
l'âge.

On s'explique, en partie, comment l'ampleur de la poitrine ne
peut donner la mesure de la cavité thoracique, ni devenir, par
suite, l'indice du volume et de l'activité des poumons. Le développement des masses musculaires autour de cette région, le
dépôt de la graisse soit entre les muscles, soit dans leur épaisseur,
soit surtout sous forme de panicule adipeux, varient avec les
individus, avec leur état actuel, et font varier de la même façon
les dimensions de cette partie du corps.

On est conduit à admettre, d'ailleurs, que le diaphragme se re-
lève plus fortement vers la cavité thoracique, et qu'ainsi se prononce davantage un caractère distinctif du bœuf, chez lequel la
courbure du diaphragme est plus forte que chez le cheval, en
même temps que son insertion périphérique est portée un
peu plus en avant.

Cette disposition serait favorable aux bœufs d'engrais. L'accumulation considérable de graisse autour des viscères abdominaux peut gêner plus ou moins les mouvements du diaphragme, laisser plus ou moins libre le jeu des organes essentiels
de la respiration et de la circulation, menacer ainsi plus ou moins
les animaux de congestions vers les organes thoraciques et céré-
braux, d'accidents dont leur état même précipite la complication.
L'agrandissement de la cavité abdominale préserverait de ces
dangers les animaux les plus disposés à l'obésité, en rendant
plus facile une partie des phénomènes de la respiration.

Quoi qu'il en soit, l'observation est venue nous prouver que le
volume des poumons, comme l'intensité des phénomènes respiratoires, est loin d'être proportionnel à la circonférence thoracique,
et les résultats qu'elle nous fournit servent ainsi de complément,
peut-être aussi d'explication, aux constatations expérimentales
de la physiologie,

Les observateurs qui ont reconnu que l'activité respiratoire
augmente généralement avec la taille des individus ont vu en
même temps que cet accroissement de puissance est indépendant
de la longueur du tronc et du thorax [1]. J'ai été conduit à admettre, dans une des conclusions du courant de ce travail, qu'une

1. Hutchinson, *Contrib. to vital statistics (journal of the statistical So-*

condition favorable à un poids vif et à un rendement élevés était l'abaissement de la taille ; or, comme les animaux de poids vif et de rendement élevés ont des poumons proportionnellement moins développés, les relations que j'ai constatées se trouvent confirmées par les expériences physiologiques. J'ajouterai que les auteurs d'écrits sur le bétail et les éleveurs les plus expérimentés sont à peu près d'accord pour considérer les animaux de haute stature comme des consommateurs dispendieux ; et j'ai montré, dans mes Rapports sur le rendement des animaux de boucherie, que cette manière de voir est parfaitement fondée. Si la particularité organique et le fait physiologique que je rappelle ne suffisent pas pour expliquer l'infériorité de tels animaux, ils aident cependant à la comprendre, et ils ajoutent, à l'opinion de la pratique, la valeur qui appartient à une démonstration scientifique.

Mes observations conduisent encore à des résultats tout à fait en harmonie avec les données physiologiques, quand elles montrent que le poids des poumons, par rapport au poids du corps, est plus élevé chez les animaux moins pesants comparés aux plus lourds. On sait, en effet, d'après un grand nombre d'expériences prenant en considération l'intensité des phénomènes mécaniques ou celle des phénomènes chimiques de la respiration [1], que le travail respiratoire est plus actif chez les petits animaux que chez les grands, ou, pour parler plus exactement, chez des animaux d'un poids faible, comparativement avec des animaux d'un poids plus élevé. J'ai fait voir, dans mes Recherches sur l'alimentation des chevaux et sur celle des bœufs de travail [2],

ciety of London, t. VII. p. 193) et *On the capacity of the lungs* (*trans. of the medic. chir. Society*, t. XXIX, p. 157).

Simon, *Ueber die Menge der ausgeathmeten Luft.*

Voorhelm Schneevogt, *Ueber den praktischen Werth des Spirometers* (*Zeitschr. für ration. medicin*, 1854, t. V. p. 9).

1. Dulong, — Regnault et Reiset, — Treviranus, — Letellier, — Lassaigne, — Colin, — etc., voy. M. Edwards, *Leçons sur la Physiologie et l'Anatomie comparée*, t. II, p. 458.

Allibert, *Recherches expérimentales sur l'alimentation et la respiration des animaux.* Paris, 1855.

2. *Annales de l'Institut agronomique*, 1re livr. juin, 1852, p. 121.

Mémoires de la Société cent. d'agriculture, 1853, 2e partie, p. 287.

Compt. rend. de l'Acad. des sciences, t. XXXVIII, p. 962. — 29 mai 1854.

qu'il en est de même pour nos races domestiques. En évaluant en équivalents de carbone les matériaux que ces animaux recevaient avec leur ration et qui sont considérés comme plus spécialement destinés à la combustion respiratoire, j'ai trouvé que, pour 100 kilog. de poids vivant et par jour, la dépense s'élève davantage chez ceux d'un faible poids, et d'autant plus que le poids est plus faible. Ainsi,

				Mat. azotées.	Mat. équivalentes de carbone.
Les chevaux du poids de	400 à 450^k	exigent		207^{gr}	670^{gr}
Id.	id.	500 à 550	id.	193	631
Les bœufs du poids de	600 à 650	id.		164	626
Id.	id.	700 à 750	id.	140	626
Id.	id.	750 à 780	id.	135	620

Cet accroissement d'activité dans les fonctions respiratoires, pour un même poids de substance, entre certainement pour une part dans l'augmentation de consommation alimentaire qu'on a observée chez les petits animaux comparés aux grands; les chiffres que je viens de rapporter indiquent, en effet, que les besoins quotidiens en matières azotées sont en même temps plus considérables chez les premiers que chez les seconds. On est fondé à croire qu'un refroidissement plus grand chez des animaux de moindre masse et de surface relativement plus étendue est une des causes qui contribuent à élever la consommation en élevant les pertes; mais ce serait aller beaucoup trop loin que d'attribuer la plus grande dépense physiologique totale dans l'organisme des petits animaux uniquement à l'activité plus grande de leur respiration, et de placer le principe de cette augmentation de puissance respiratoire exclusivement dans une déperdition plus rapide de la chaleur animale. Nous voyons ici que chez ces animaux les organes respiratoires sont plus développés par rapport au poids vivant, et nous trouvons là l'indice d'une énergie vitale plus grande, qui ne doit pas être oubliée quand on veut tenir compte de toutes les causes modificatrices [1].

Le dernier point sur lequel je veuille montrer la conformité des résultats que j'ai obtenus avec ceux qui ont été constatés par les expériences physiologiques regarde l'âge des animaux. On

1. Voy. la note à la fin de ce Mémoire.

sait, d'après un grand nombre de ces expériences [1], que les mouvements respiratoires diminuent de fréquence avec l'âge; que, pour des poids égaux de substance organique, les produits chimiques de la respiration sont plus abondants dans le jeune âge; qu'en un mot, l'activité respiratoire est plus grande chez le jeune animal que chez l'adulte. Il résulte aussi de mes observations que le poids des poumons est, proportionnellement au poids du corps, plus élevé chez les animaux moins avancés en âge.

L'affaiblissement de la puissance respiratoire chez l'individu plus âgé peut être expliqué, en partie, par un état plus ou moins voisin de l'obésité, dans lequel les viscères de l'abdomen, plus chargés de graisse, font obstacle au jeu du diaphragme. Il peut aussi résulter, en partie, d'une diminution dans l'élasticité des cartilages costaux, qui commence à se produire dans l'âge mûr pour se prononcer davantage dans la vieillesse. Mais il semble aussi qu'on le doit attribuer, en partie, au moindre développement des poumons relativement à la masse du corps qui a pris plus d'accroissement.

En résumé, du rapprochement entre les faits que j'ai observés et ceux que possède la science il résulte que, dans tous les cas où la physiologie constate une augmentation d'activité respiratoire liée à un déploiement plus grand d'énergie vitale, ou à des influences spéciales dépendant de la taille, du poids, de l'âge des animaux, on trouve les poumons plus développés par rapport au poids vif.

1. M. Edwards, *Leçons sur la Physiologie et l'Anatomie comparée*, p. 467, 482, 486, 563.

Colin. *Physiol. comparée des an. domestiques*, t. II, p. 152.

Quételet, *Essai de physique sociale*, t. II, p. 16. Bruxelles, 1835.

Mignot, *Rech. sur les phénom. normaux... de la respiration chez les nouveau-nés*. Thèse... Paris, 1851.

Andral et Gavarret, *Rech. sur la quantité d'ac. carbonique exhalé par les poumons* (*Ann. de chimie*, 1843, t. VIII, p. 129, 486).

V

LOIS PHYSIOLOGIQUES DU DÉVELOPPEMENT DES ANIMAUX DÉTERMINANT LEUR CONFORMATION ET LEURS APTITUDES.

S'il est vrai qu'une ampleur considérable de la région thoracique est un trait de conformation propre aux meilleurs animaux de boucherie, et si les théories qui ont prétendu rendre raison de cette conformation manquent de fondement, ne peut-on trouver une explication qui rattache, par un lien physiologique, les aptitudes des animaux de boucherie et leur caractère distinctif? J'en présenterai une qui me paraît tenir compte de tous les faits observés, n'être en contradiction avec aucun d'eux, et conduire à des applications dont la pratique a déjà reconnu l'importance.

On sait que les inégalités dans la taille d'individus de même espèce comparés entre eux résultent principalement de différences dans la longueur des membres, et que les individus de moindre stature ont souvent un tronc plus long que celui d'individus plus grands. On sait aussi que, dans l'ordre d'évolution des parties du corps, le tronc prend son développement avant les extrémités. J'ai constaté, dans ce travail, que c'est dans la région thoracique que les dimensions du tronc s'accroissent davantage.

Si l'on seconde ces tendances de la nature; si, dès le jeune âge des animaux, alors que la puissance formatrice a le plus d'énergie, et qu'elle manifeste surtout son activité dans le développement de la portion centrale de l'organisme, on fournit à cette puissance des matériaux abondants, elle les mettra en œuvre conformément aux lois qui règlent son action, et donnera tout particulièrement à la région thoracique un développement considérable.

D'ailleurs, les premiers temps de la vie sont favorables à l'accumulation de la graisse, surtout à la périphérie du corps et dans les intervalles des masses musculaires, et cette tendance, aidée d'un régime approprié, concourt encore à épaissir la région thoracique.

Une alimentation riche dès la naissance a donc cette double conséquence, d'engager le développement des animaux dans la voie qu'ouvrent elles-mêmes à l'industrie de l'homme les lois de la nature, et de favoriser l'aptitude qu'ont les animaux jeunes à produire de la graisse dans un tissu cellulaire plus abondant. La machine animale prend ainsi une direction particulière, un tempérament propre, qui se caractérisent par la prépondérance des facultés nutritives sur les facultés locomotrices, par l'exagération des forces assimilatrices relativement aux autres.

La nutrition ainsi appelée sur certaines parties de l'organisme y augmente de puissance, et elle reste, par compensation, moins active dans les autres parties. Tous les effets des lois physiologiques sur l'accroissement qu'amène l'exercice et sur le balancement des forces organiques se produisent alors ; tous les caractères qui en sont la suite se prononcent. Ainsi, le développement plus actif et plus considérable du tronc appelle la réduction des membres ; l'aptitude à prendre la graisse de bonne heure favorise l'amplification du tissu cellulaire sous-cutané, constituant souvent un panicule épais, même une sorte de couche lardacée, dans les races très-précoces ; la prédominance des systèmes qui se complètent plus rapidement, du système musculaire et de ses dépendances, a pour contre-coup la subordination du système osseux, du système cutané et de ses appendices.

De là, une ossature légère, une tête fine et mince, comme le sont les côtes et toutes les parties dont le squelette forme la base ; de là, des membres courts et d'un petit diamètre dans leurs rayons inférieurs. Tous les organes qui s'isolent du tronc, la tête, les membres, la queue, s'unissent à la masse du corps par une large attache, indice d'un développement central puissant, et sont déliés à leur terminaison ; ils prennent ainsi une forme conique qui est d'autant plus accusée que la base est plus large et l'extrémité plus effilée. De là, le peu d'épaisseur de la peau, qui est moelleuse, douce au toucher, roulant comme sur un coussinet graisseux, et recouverte d'un poil doux, soyeux, qui donne à la main la sensation d'une mousse élastique. De là, la finesse des cornes et de toutes les parties d'une texture analogue. De là, cette forme générale cylindrique, presque parallélipipédique, ce corps massif porté sur de petites extrémités. De là, l'augmentation du poids, quand la circonférence thoracique s'accroît, et l'élévation du poids net par la réduction des extrémités. De là, en un mot, tous les caractères que l'éleveur apprécie comme réalisant l'harmonie de conformation chez les animaux dont il s'agit, et qui sont la conséquence de certaines harmonies physiologiques.

Pour que s'exercent dans leur plénitude les facultés propres à
ces machines ainsi destinées à une conformation et à un fonctionnement particuliers, l'éleveur les laisse dans l'inaction au
sein de l'abondance. Et comme, pour fixer les résultats acquis,
les reproducteurs sont choisis parmi les animaux qui possèdent
au plus haut degré les qualités spéciales qu'on requiert, ces
qualités se complètent et se confirment à chaque génération. On
favorise, d'ailleurs, la fixation de ces caractères spéciaux en prenant les reproducteurs parmi les jeunes animaux et en les unis-
sant en proche parenté. Il se forme ainsi des races molles, tran-
quilles, tout entières consacrées à la boucherie, s'engraissant
facilement et de bonne heure, fournissant un rendement élevé
proportionnellement à leur poids brut et à leur conformation.
Ces races n'ont pas, comme je l'ai montré, une grande activité
vitale, et le poids réduit de leurs poumons est en rapport avec
leurs besoins physiologiques.

On comprend, d'après cette explication, qui n'est en désaccord
avec aucune des notions physiologiques et qui les utilise toutes,
pourquoi l'ampleur de la région thoracique est le signe essentiel
des animaux doués d'une grande puissance d'accroissement et
d'engraissement. On comprend pourquoi cette ampleur de la
poitrine se rencontre particulièrement dans les races précoces;
comment elle détermine réellement la forme du corps; comment
toute la valeur de la machine animale se peut résumer en elle;
comment elle en est le caractère dominateur. On s'explique
aussi pourquoi ces races précoces, à conformation si distincte,
sont un produit industriel, et ne se rencontrent ni à l'état de
nature, ni dans les conditions d'une agriculture pauvre ou encore
attardée.

Si tels sont les effets d'une alimentation substantielle et constamment abondante, dès les premiers temps du développement
de l'animal, quand tous les soins concourent, d'ailleurs, à un
même but, et que l'habitude fortifie la nature, un élevage qui
suivra d'autres errements obtiendra nécessairement d'autres
résultats. Ainsi, il est évident que les races de travail, pour
prendre naissance, exigent dès le jeune âge une alimentation
d'une telle nature et dans une mesure telle qu'elle ne nuise pas
au développement des éléments de leur force, leviers et muscles.
Un certain exercice leur est favorable parce qu'il sollicite leurs

puissances locomotrices, appelle la vie dans les organes de mouvement, et éveille leur énergie. Leur poitrine, leur tronc tout entier ne sauraient prendre les dimensions auxquelles atteignent les animaux de boucherie les mieux caractérisées, et caractérisés essentiellement par la précocité. Toute leur organisation suit cette direction première; le système osseux gagne plus de force; les membres ne sont pas annihilés : l'animal a moins d'étoffe, mais il accuse la vigueur unie à une certaine liberté d'allure. Les aptitudes sont aussi tout autres; elles se résument en une énergie plus grande, servie par des muscles plus riches de fibres que de tissu cellulaire. A cette plus grande énergie correspondent, nous l'avons vu, des poumons plus développés.

Ces caractères se prononcent plus ou moins, selon que les races sont plus ou moins dures, plus ou moins rustiques, et, par suite, plus ou moins tardives. Les différences résultent fondamentalement de différences dans le mode de développement des animaux, et se traduisent par des différences dans l'ampleur de la région thoracique, dans la longueur des membres, dans la hauteur relative de la taille, et il faut ajouter dans le poids proportionnel des poumons, car ce sont là des termes corrélatifs. Pour ne parler que des animaux de notre pays, on peut voir des spécimens de ce type à des degrés divers dans nos races travailleuses Morvandelle, Gasconne, Ariégeoise, d'Aubrac, de Salers, Limousine, Parthenaise, Charolaise, et dans les branches dérivées de chacune d'elles, comparées à la souche-mère la plus parfaite.

Des considérations du même ordre sont applicables aux races laitières. Leur ampleur thoracique ne saurait égaler celle qui caractérise les races les plus aptes à un engraissement précoce ; pour admettre le contraire, il faudrait admettre qu'un même mode de développement, que les mêmes lois vitales peuvent donner des organisations différentes, que la même cause ne produit pas les mêmes effets. Tous les faits d'observation viennent, d'ailleurs, donner raison à la physiologie sur ce point, et l'histoire des races bovines tout entière contredit l'assimilation qu'on a parfois tenté d'établir, spécialement sous le rapport du développement de la poitrine, entre les races laitières et les races les plus précoces pour la boucherie. Il suffira, pour rendre l'opposition sensible, de mettre en regard les races de Durham, de

Devon, de Hereford, d'Angus, d'une part, et les races Hollandaise, Flamande, Normande, Schwitz, d'autre part.

Pour les races laitières, comme pour les races de travail, nous trouvons, dans le développement de la poitrine, des degrés qui correspondent à la rusticité, à la tardiveté plus ou moins grandes des races ou des individus ; nous saisissons aussi un point où la région thoracique prend le développement compatible avec les facultés qu'on veut spécialement mettre à profit chez les animaux, en même temps qu'avec la faculté d'engraissement dont tous doivent être convenablement doués, puisque la destination dernière de tous est l'abattoir.

Outre qu'elle donne la mesure de l'aptitude des animaux à profiter de leur ration pour l'engraissement prompt et précoce, l'ampleur de la poitrine a donc encore une autre signification : elle indique jusqu'à quel point les animaux ont été bien nourris dans leur jeune âge, quelle confiance on peut, par conséquent, avoir en eux suivant les cas.

Si la théorie que j'expose peut rendre raison des caractères de conformations différentes chez les animaux domestiques, elle indique aussi quelles règles il faut suivre pour obtenir telle ou telle conformation en vue de telle ou telle aptitude. Elle ne guide pas seulement dans le choix des animaux, elle explique comment ils se forment. Elle montre ainsi comment on s'expose à faire disparaître les qualités propres d'une race en la soumettant à un régime et à un traitement qui n'est point en harmonie avec ses tendances; elle met en garde contre les imitations irréfléchies.

La conformation, à laquelle la pratique attache tant d'importance n'est pas une cause, c'est un effet. C'est, comme je viens de l'indiquer rapidement, la résultante de toutes les forces physiologiques diversement mises en jeu, et recevant leur première impulsion de la manière dont l'animal a été nourri et traité dès les premiers temps de sa vie. Aussi, le mode d'alimentation et d'élevage dans le jeune âge renferme-t-il, en définitive, tout le problème de la création et de l'amélioration des races. C'est là la conséquence pratique essentielle qui ressort de cette manière de comprendre la formation des machines animales; la pratique lui donne l'appui de son expérience.

VI

CONCLUSIONS.

Les conséquences que j'ai successivement tirées de la discussion des faits et les considérations que j'ai présentées dans le cours de mon travail peuvent se résumer en quelques propositions qui serviront de conclusion à ces recherches.

1. En général, on peut admettre comme fondée l'opinion qui prend le développement de la région thoracique pour signe du poids acquis par les animaux, et qui apprécie par l'ampleur de la poitrine le degré de supériorité des animaux comme utilisateurs de leur ration.

Mais l'observation, en confirmant cette opinion, en précise le sens relativement à la forme, au poids vif et au poids net des animaux.

2. A mesure qu'il gagne en poids, par suite des progrès de l'âge ou en raison d'aptitudes individuelles, l'animal prend plus d'ampleur thoracique et une surface totale plus grande; ces trois quantités se correspondent d'une manière constante à toutes les périodes du développement et indépendamment des autres dimensions, longueur et hauteur du tronc, qui ne croissent pas proportionnellement à la circonférence thoracique.

3. C'est dans le sens de cette circonférence que l'accroissement a surtout tendance à se reproduire; c'est le développement de la région pectorale qui détermine celui du tronc, et l'on s'explique de la sorte comment l'ampleur de la poitrine peut devenir un moyen d'apprécier le *poids vif*.

4. Il résulte aussi de cette marche du développement que, si le corps des animaux peut être comparé à un cylindre, on ne peut lui appliquer rigoureusement les définitions ni les formules de la géométrie quand il s'agit de comparer les animaux entre eux par le volume ou par la surface.

5. Quant au *poids net* (quatre quartiers), ce sont les animaux dont la taille est moins haute, dont les membres sont plus courts, dont le sternum se trouve ainsi plus rapproché de terre, qui donnent le rendement le plus élevé, si, en même temps, la poitrine est vaste, la forme de la région thoracique régulièrement cylindrique, sans dépression, sans étranglement, notamment derrière les épaules.

Ce sont donc ces animaux qui doivent être considérés comme meilleurs utilisateurs de leur ration, comme bêtes de boucherie supérieures.

6. Les conditions de conformation favorables au rendement en poids net sont ordinairement accompagnées d'un développement plus considérable du tronc en longueur.

7. Le poids vif et le poids net sont donc ensemble plus élevés, et l'animal possède une valeur répondant à la fois aux intérêts du producteur et du consommateur, quand, à une ampleur thoracique considérable, s'ajoutent le développement complémentaire du tronc en longueur, la régularité et le suivi de la forme cylindrique, la réduction de la hauteur au garrot, l'abaissement du sternum, la brièveté des rayons inférieurs des membres.

8. En même temps que l'animal gagne en circonférence thoracique, en poids et en surface, ses poumons prennent généralement plus de volume; mais ces organes ne suivent pas, dans leur accroissement, la marche progressive et concordante de ces trois quantités; de sorte qu'il n'existe aucun rapport constant entre le développement des poumons et celui de la région thoracique.

L'observation contredit donc cette assertion, que le développement de la poitrine donne la mesure du développement des poumons; elle établit que le développement de ces organes semble être lié à certaines conditions physiologiques d'activité vitale, de taille, de poids, d'âge, d'aptitude et de race.

9. Pour un même poids vivant, les poumons sont d'autant plus volumineux que la taille est plus haute.

10. Pour un même poids vivant, les poumons sont d'autant plus volumineux que les animaux sont plus jeunes.

11. Chez des animaux voisins d'âge et dans des conditions comparables, on trouve le plus ordinairement que le poids *absolu*, et constamment que le poids *relatif* des poumons, par rapport à un même poids vif, sont plus faibles quand la circonférence thoracique est plus grande; plus élevés, quand la circonférence thoracique est plus petite.

12. Dans les races les moins pesantes comparées aux plus lourdes, les poumons prennent un poids proportionnellement plus élevé par rapport au poids vif.

13. Parmi les animaux de même race, le plus faible poids relatif des poumons se rencontre chez ceux qui ont le poids vif le plus élevé, et le plus fort poids relatif des poumons chez ceux qui ont le poids vif le plus faible.

14. Chez les animaux de races précoces, le poids des poumons est absolument et relativement plus faible que chez les animaux de races tardives.

La comparaison des races françaises avec les races britanniques les plus perfectionnées au point de vue de la boucherie met ce fait en évidence.

15. De ces propositions il résulte que les animaux les plus remarquables par leur poids acquis, leur engraissement, leur rendement, leur précocité, le développement de leur région thoracique, ont les poumons les moins volumineux.

16. En mesurant le travail fonctionnel par le développement des organes qui l'accomplissent, on est donc conduit à estimer que l'activité respiratoire est moindre chez les animaux que signalent spécialement leur gain vif plus grand et leur engraissement plus facile, plus prompt, plus complet, plus profitable.

La théorie qui rattache ces aptitudes à une énergie plus grande des fonctions respiratoires, et cette énergie elle-même à un volume plus considérable des poumons, ne trouve donc pas de fondement dans ces faits.

17. Tous ces résultats d'observation concordent avec les résultats des expériences physiologiques sur la respiration.

En rapprochant les uns et les autres, on voit que, dans tous les cas où la physiologie a constaté un accroissement d'activité respiratoire lié à une plus grande puissance vitale de l'organisme, ou à des influences qui se rattachent à la taille, à l'âge, au poids des animaux, les poumons sont plus développés par rapport au poids vif, et que, dans les cas contraires, les poumons sont moins développés.

18. Les caractères de conformation et les aptitudes des animaux dérivent essentiellement de la manière dont leur alimentation et leur élevage ont été conduits dès la naissance, et du degré jusqu'auquel ils ont pu obéir de la sorte aux lois de leur développement, à cette première période de la vie.

19. Ces lois poussent au développement du tronc et à la pro-

duction de la graisse; elles amènent, en raison du balancement des forces organiques, la réduction des extrémités et celle de tous les systèmes de formation plus tardive.

Si elles sont tout particulièrement favorisées par une alimentation constamment abondante dès le jeune âge, et par l'ensemble des conditions de nutrition qui aident à l'engraissement, le tronc attire à lui, pour ainsi dire, l'activité formatrice, la région thoracique prend plus d'ampleur, les membres se subordonnent, les traits et les aptitudes des races de boucherie les plus parfaites se prononcent, puis le choix des reproducteurs fixe et perpétue les caractères et les qualités acquises.

Si ces mêmes tendances ne sont qu'incomplétement favorisées, l'ampleur de la poitrine est réduite en raison de la première impulsion donnée tout d'abord au développement de l'animal; par suite, les dimensions du corps, leurs rapports, la longueur des membres, la hauteur de la taille, le volume des poumons sont proportionnellement modifiés, conformément aux indications précédentes.

20. On peut donc, en la rattachant à sa cause, considérer l'ampleur de la région thoracique comme le caractère dominateur de l'organisme.

21. Outre que cette ampleur est en rapport avec la valeur de l'animal comme bête de boucherie, elle fournit aussi, eu égard aux causes qui la déterminent et proportionnellement à leur degré d'action, des renseignements certains sur la manière dont l'animal a été traité dès le début de son élevage.

22. Toute la question de la formation et de l'amélioration des races, par conséquent tout le problème physiologique et économique de la zootechnie se résume donc en une question de nutrition dans le jeune âge des animaux.

Bien que ces conséquences découlent de faits observés uniquement sur les races bovines, elles sont d'un ordre tel qu'on peut les considérer comme applicables aux races de nos autres espèces agricoles.

NOTE. — Il n'entre pas dans le cadre de ce travail d'examiner quelle pourrait être la part du refroidissement, chez les petits animaux, dans l'élévation de leur consommation alimentaire. Mais dans les calculs qui ont pour but de déterminer les rapports de surface entre les individus de petite et de grande dimension, on a été conduit à employer une formule dont mes présentes observations permettent de vérifier l'exactitude, indépendamment de toute application à la question de la chaleur animale, et eu égard seulement à la conformation des animaux.

J'ai reconnu, par un très-grand nombre d'observations faites sur la peau des animaux après leur abatage, et dont je rendrai compte ailleurs, que le procédé le plus exact pour obtenir la surface *totale* du corps consiste à calculer la surface convexe d'un cylindre dont la circonférence et la hauteur seraient données par la circonférence thoracique et la longueur du tronc, mesurées suivant la méthode que j'ai adoptée dans le présent mémoire.

D'après cela, si l'on compare l'un à l'autre deux lots formés d'animaux de même espèce, de poids individuel différent, mais donnant pour chaque lot un poids total identique, on trouve, suivant les données géométriques, que les surfaces totales (s et s') sont proportionnelles aux racines cubiques du nombre de têtes dans chaque lot (n et n'); d'où $s : s' :: \sqrt[3]{n} : \sqrt[3]{n'}$.

Cette formule suppose que le volume est égal de part et d'autre, comme le poids, et que les cylindres sont semblables, c'est-à-dire que les dimensions dont on fait usage, la circonférence thoracique et la longueur du corps, restent proportionnelles chez les petits et chez les grands animaux.

Pour examiner si ces hypothèses sont exactes, j'ai formé, parmi les bœufs français, deux lots, donnant chacun un poids vif égal, et comprenant, l'un dix et l'autre sept têtes; j'ai calculé la surface par tête, d'après les mesures que j'avais prises des animaux, et j'ai pu connaître ainsi le volume et la surface totale de chaque lot. J'ai fait la même opération pour les bœufs britanniques, en comptant deux lots de même manière, et de façon à obtenir dans chaque lot un poids vif semblable à celui des lots des bœufs français. On pourra voir de la sorte si la formule en question est applicable à des races de même modèle général, et à toutes les races d'une même espèce domestique.

Comme le montre le tableau O, le poids vif est absolument le même pour trois de ces lots : il est de 7,960 kilogrammes; le lot de dix têtes parmi les bœufs britanniques est seul plus lourd de 60 kilog : aucune combinaison ne m'a permis de le ramener à une parfaite égalité avec les autres. Mais la différence est faible, et il sera facile, d'ailleurs, d'en tenir compte.

On peut remarquer d'abord que, pour les deux lots formés de sept bœufs, français ou britanniques, la surface moyenne par tête est sensiblement la même, bien que la circonférence et la longueur diffèrent, les bœufs britanniques ayant plus d'ampleur de poitrine, et les bœufs français plus de longueur de corps.

Pour les deux lots de dix têtes, la surface moyenne ne présente pas la même concordance : elle est notablement plus grande chez les bœufs britanniques, qui ont à la fois plus de circonférence et plus de longueur, pour un poids qui n'est que de six kilogrammes plus élevé. Comme ces lots sont com-

TABLEAU O. — *Lots de poids égaux, composés de manière à montrer jusqu'à quel point le corps des animaux peut être comparé à un cylindre.*

BŒUFS DE RACES FRANÇAISES.										BŒUFS DE RACES BRITANNIQUES.									
Numéro d'ordre au tableau A.	Poids vif.	Circonférence thoracique. C.	Longueur du corps. H.	Surface du corps. C×H.	Numéro d'ordre au tableau A.	Poids vif.	Circonférence thoracique. C.	Longueur du corps. H.	Surface du corps. C×H.	Numéro d'ordre au tableau B.	Poids vif.	Circonférence thoracique. C.	Longueur du corps. H.	Surface du corps. C×H.	Numéro d'ordre au tableau B.	Poids vif.	Circonférence thoracique. C.	Longueur du corps. H.	Surface du corps. C×H.
	k.	m.	m.	mq.		k	m.	m.	mq.		k.	m.	m.	mq.		k.	m.	m.	mq.
5	605	2.315	2.07	4.79 21	2	1250	2 970	2.70	8 01.90	9	1300	3.035	2.45	7 43.58	17	620	2.300	2.10	4.83.00
52	650	2.290	2.15	4.92.35	4	1175	2.780	2.45	6.81.10	15	1210	3.015	2.68	8.08.02	18	625	2.630	2.35	6.18.05
50	775	2.500	2.30	5.75	3	1145	2 745	2.41	6.61.55	13	1130	2.655	2.40	6.37.20	19	675	2.565	2.28	5.84.82
15	800	2.460	2.12	5.21.52	34	1130	2.785	2.60	7.24.10	12	1110	2.570	2.45	6.29.65	6	780	2.375	2.10	4.98.75
43	820	2.485	2.25	5.59.13	44	1120	2.780	2.66	7.39.48	10	1100	2.705	2.40	6.49.20	2	825	2 500	2.20	5.50.00
45	820	2.530	2.35	5.94.55	27	1085	2.560	2.40	6.14.40	11	1100	2.660	2.54	6.75.64	14	825	3.005	2.65	7.96.33
8	835	2 485	2.44	6.06.34	29	1055	2.715	2.70	7.33.05	5	1010	2 775	2.50	6.93.75	4	895	2.575	2.20	5.66.50
16	840	2.480	2.20	5.45.60											3	.910	2.585	2.20	5.68.70
9	860	2.525	2.20	5.55.50											1	925	2.650	2.48	6.57 20
19	955	2.675	2.30	6.15.25											8	940	2.675	2.30	6.15.25
Total..	7960			55.44 45		7960			49.55.58		7960			48.37.04		8020			59 38.60
Moyenne par tête..	796	2.475	2.238	5.54.45		1137	2.762	2.56	7.07.94		1137	2 774	2.49	6.91.01		802	2.586	2.286	5.93.86

posés généralement des animaux les plus jeunes, cette différence semblerait prouver encore, après les autres faits dont il a été déjà question, que les bœufs britanniques arrivent plus vite à un développement plus considérable du tronc, et que leur poids vif comprend une moindre fraction d'issues, parce que leurs extrémités sont plus réduites.

En calculant le volume total de chacun de nos lots, d'après les éléments connus $\left(\dfrac{1}{4\pi} C^2 H \right)$, nous trouvons qu'il est :

```
de 10 m. c.,   910   pour les dix bœufs français ;
de 10      ,   878        sept      id.
de 10      ,   674   pour les sept bœufs britanniques ; et
de 12      ,   165        dix       id.
```

Les deux lots de bœufs français ont des volumes très-voisins ; le lot britannique de sept têtes présente un volume qui s'éloigne un peu des précédents, mais pour lequel la différence serait encore d'un ordre négligeable, car on ne peut prétendre appliquer à ces études sur les formes des animaux la rigueur des définitions géométriques. Quant au volume du lot des dix bœufs britanniques, l'écart qu'il accuse est beaucoup plus important, et tel qu'on est obligé de considérer ce lot comme échappant à l'application des formules auxquelles les autres paraissent se soumettre. Cette exception a pour cause, comme nous l'avons vu, une différence dans la marche du développement. Il faudrait donc en conclure que les comparaisons du genre de celle dont il s'agit ne se peuvent établir qu'entre des animaux de races se rapprochant par le type, et que les races précoces veulent tout spécialement être distinguées. Ces calculs montrent, au reste, entre quelles limites générales les variations peuvent osciller.

Quant aux surfaces, d'après la formule dont nous cherchons à apprécier la valeur, elles devraient être entre elles

$$:: \sqrt[3]{10} : \sqrt[3]{7} = \; :: 2{,}154 : 1{,}913.$$

Pour les deux lots de bœufs français, le calcul apprend qu'elles sont, en réalité :: 2,154 : 1,923. La différence n'est certainement pas grande ; mais rigoureusement elle indiquerait que l'hypothèse de la similitude des cylindres n'est pas absolument applicable aux formes des animaux.

Pour les deux lots de bœufs britanniques, les surfaces sont entre elles, d'après les chiffres consignés au tableau :: 2,154 : 1,754, rapport qui s'éloigne un peu plus que le précédent des données de la formule.

Si l'on compare le lot de dix bœufs français au lot de sept bœufs britanniques, on trouve que les surfaces de deux lots sont entre elles

$$:: 2{,}154 : 1{,}879,$$

résultat un peu plus faible que celui fourni par la formule.

Enfin, pour le lot des dix bœufs britanniques rapproché du lot des sept bœufs français, le rapport des surfaces est :: 2,154 : 1,797, trop faible encore pour rendre tout à fait acceptable l'hypothèse de la similitude des cylindres.

En cherchant, d'après les mesures fournies par l'observation, si la circonférence et la longueur moyenne pour les deux lots compris dans chaque catégorie sont réellement proportionnelles, on arrive, par une autre voie, aux mêmes conséquences.

Ainsi, l'inconnue étant supposée être la longueur du corps, c'est-à-dire la hauteur du cylindre, on trouve que cette hauteur devrait être de $2^m,293$ dans le lot des dix bœufs français, comparé au lot de sept têtes. Elle est de $2^m,258$, ou de $0^m,035$ plus petite que le calcul l'exigerait dans l'hypothèse de la similitude.

Dans la catégorie des bœufs britanniques, la hauteur pour le lot de dix têtes devrait être de $2^m,321$; or elle est de $2^m,286$, c'est-à-dire de $0^m,035$ trop petite pour que cette même hypothèse soit justifiée.

Pour les deux exemples que mes observations me permettent de présenter dans chaque catégorie, les mesures prises directement sur les animaux ne satisfont donc pas complétement aux conditions de la similitude des figures. Le calcul indique que les écarts ont tendance à se produire dans le sens de la circonférence thoracique, plutôt que dans celui de la longueur du corps. Ce fait vient s'ajouter à ceux que nous connaissons déjà sur la préponderance du développement thoracique dans la détermination de la forme générale du corps

Puisque ces deux exemples montrent que c'est un peu dépasser les données de l'observation que d'admettre la proportionnalité entre les dimensions des animaux mis en parallèle, il faut voir si l'on aura chance de s'écarter moins de ces données, en adoptant une formule générale embrassant tous les cas, celui même des cylindres semblables.

Pour connaître le rapport entre les surfaces de deux lots d'animaux formant un même poids avec un nombre différent de têtes, cette formule générale est la suivante : $s : s' :: \sqrt{hn} : \sqrt{h'n'}$, c'est-à-dire que les surfaces des deux lots sont proportionnelles à la racine carrée du produit de la longueur du corps par le nombre de têtes dans chaque lot.

D'après cette formule, les surfaces de nos deux lots de bœufs français seraient entre elles

$$:: \sqrt{22,58} : \sqrt{17,92} = :: 4,731 : 4,233 \; ; \text{ or, elles sont, en réalité,}$$

$$:: 4,731 : 4,229, \text{ rapport un peu plus faible}$$

que ne le voudrait cette formule, mais plus voisin des données théoriques qu'aucun des rapports calculés d'après la première formule, et aussi approché qu'on peut le demander dans de semblables questions.

Pour les deux lots de bœufs britanniqnes comparés entre eux, la formule voudrait que les surfaces fussent entre elles

$$:: \sqrt{22,86} : \sqrt{17,43} = :: 4,781 : 4,175;$$ elles sont, d'après le calcul des éléments d'observation, :: 4,781 : 2,894. La différence est ici plus sensible et plus grande que celle qu'on trouve avec la formule précédente.

Appliquée au lot des dix bœufs français, comparé au lot des sept bœufs britanniques, notre formule indique pour rapport

$$:: \sqrt{22,38} : \sqrt{17,43} = :: 4,731 : 4,175;$$ le calcul donne pour le rapport réel entre les surfaces :: 4,731 : 4,127, résultat un peu faible, et aussi un peu moins approché que celui auquel conduit la précédente formule.

Entre le lot des dix bœufs britanniques et celui des sept bœufs français, les surfaces devraient être :: $\sqrt{22,86}$: $\sqrt{17,92}$ = :: 4,782 : 4,233; elles sont en fait :: 4,781 : 3,990. Ici encore la différence est sensible et plus qu'elle ne l'est avec la première formule.

Il résulte de cette application des deux formules et des calculs relatifs aux volumes, que la forme du corps des animaux n'est pas absolument celle d'un cylindre. On s'explique par là pourquoi échouent toutes les tentatives faites pour calculer le poids des animaux d'après leur volume, en attribuant à leur corps toutes les caractères du cylindre, surtout quand on opère sur des individus isolément au lieu de prendre une moyenne sur un nombre assez grand de têtes.

Toutefois, le corps des animaux s'approche assez de la forme cylindrique pour que les données géométriques propres au cylindre lui soient applicables avec inexactitude certaine, mais aussi avec approximation suffisante.

Pour le cas dont je viens de m'occuper, et qui est celui pour lequel il est peut-être le plus intéressant de trouver une solution, on voit que la comparaison des deux lots, composés d'un nombre inégal de têtes donnant un poids vif égal, a surtout chance de conduire à des résultats qui concordent avec ceux de la géométrie, quand elle porte sur des races voisines de type, analogues surtout par le mode de leur développement. On voit aussi que, si l'hypothèse de la similitude des cylindres n'est pas rigoureusement exacte pour les animaux, elle ne s'éloigne pas plus de la réalité que l'hypothèse plus générale qui ne se fonde pas sur la proportionnalité des dimensions du corps. Or, comme l'hypothèse fondée sur la similitude de figure conduit à une formule plus simple, puisqu'elle n'exige que la connaissance du nombre de têtes pour des lots de poids égaux, on peut l'adopter de préférence dans tous les cas où il importe de connaître le rapport entre les surfaces de deux groupes d'animaux.

D'après les mensurations dont les résultats sont donnés dans mes tableaux et qui se rapportent à 156 animaux de races diverses, on peut estimer que la surface du corps, pour des bœufs très-gras et d'une bonne conformation générale, est en moyenne de :

4 m.q. à 5m.q. pour des poids variant de 605 à 690 kil.;
5   à 6, 4   »   715 à 930   »
6, 5 à 7   »   960 à 1030   »
7, 4 à 8, 1   »   1040 à 1300 »

Il serait superflu d'insister sur les relations nécessaires qui lient la surface du corps au poids vif et, par conséquent, à l'ampleur de la poitrine; toutes les conséquences qui ressortent des considérations précédentes sur le développement des poumons par rapport à celui de la région thoracique sont applicables au développement des poumons relativement à l'étendue de la surface du corps.

DIVISION DE CE MÉMOIRE.

Paris. — Imprimerie P.-A. BOURDIER et Cie, rue Mazarine, 30.